テレビ番組制作会社のリアリティ

つくり手たちの声と放送の現在

林 香里
四方由美
北出真紀恵
[編]

大月書店

目次

第5章　番組制作現場のジェンダー・アンバランス……国広陽子・花野泰子　253

序 章

本研究のねらい

番組制作会社から考える日本のテレビ

林 香里

当時僕はまだテレビの制作会社の人間だったので、なぜ、同じようにテレビに関わり、明らかに自分達の方が労働時間が長いのに、賃金は半分以下なんだろう、と。（中略）保身に走って、出世に走って面白い番組を作ることを蔑ろにしたら、多分ここにいる殆どがそうなるが、もしそうなった時は皆さんは私の敵だからな。

（是枝裕和　ＮＨＫ入局新入社員への祝辞より）(1)

1　不可視化されてきた「番組制作会社」

日本の放送事業には、大きく二つの特徴があると言われてきた。一つめの特徴は、総務省（旧郵政省）の監督のもと、「放送法」と「電波法」の二つの法律が制御し、「免許制」であること。つまり、放送免許を与えられた地上波放送局は、法のもとでの「規制事業」なのである。二つめの特徴は、放送免許が、公共放送と商業放送という二つの形態の組織に与えられ、さらに、公共放送が日本放送協会（ＮＨＫ）という組織、商業放送がいわゆる「民間放送」(2)事業者たちによって運営されている点である。衛星放送やデジタル化などの技術変革による制度改変があったとはいえ、免許制によって公共放送と商業放送による「二元体制」で運営されてきたことは、日本の放送制度の基本的特徴となって今日に至っている。(3)

以上の二つの特徴とともに日本の放送事業は発展してきた。その際のメインプレイヤーは、総務省（旧郵政省）とＮＨＫおよび民放という地上波放送局（現在の放送法の定義上では「地上基幹放送」と呼ばれる事業者）だ。

ところが、私たちが目にするテレビ番組の多くは、これらのメインプレイヤー以外の、番組制作会社によって制作されており、番組制作会社は、放送法と電波法による規律の直接の対象とはなっていない。さらに、番組制作会社は、ＮＨＫの番組もつくるし、「民放」の番組もつくっており、公共放送／商業放送の垣根なく仕事をしている。

つまり、「日本の放送制度」と言うとき、送信技術施設（地上波、衛星、有線、移動受信型など）、そしてそれを所有する事業者から見た狭義の制度部分に限定されてきた。そして、テレビ番組制作つまりコンテンツ制作者たちは、いわばその枠外に置かれ、放送免許をもつ放送事業者の陰に隠れる形で仕事をしてきたのだった。

番組制作会社は不可視化されているだけではない。日本の放送事業は送信施設を所有する「放送局」、なかでもＮＨＫと東京キー局が放送事業全体の頂点に位置し、その下にローカル局、そしてさらにその下に番組制作会社が位置するというタテ型序列構造ができあがっていると言ってよい。つまり番組制作会社は、放送事業の末端に位置し、しかも放送関連法に規定される制度の枠外に置かれて「下請け」的地位に甘んじてきたのだった。研究者の側も、この構造への問題意識は薄いまま、放送制度に関する研究（長谷部１９９２、山田２０１６）や作品としての番組論（丹羽２０２０、小林２０１８）を展開しており、フォーカスは「局」単位となってきた。日本では唯一、メディア総合研究所が、１９９７年から番組制作会社の諸相についてアンケート調査をしてきた。しかし、これも２０１１年で止まっている（メディア総合研究所１９９７a、１９９７b、１９９７c、１９９８、２００４、２００９、２０１１）。こうして近年の番組制作の実態調査は、わずかの例外（浮田 2008、松井 2017）を除いて、ほとんど手を付けられないままだ(4)。

このように上から下へと強い権力が作用するタテ型序列構造は、日本の放送事業の三つめの重要な特徴と言えるだろう。この権力構造を明らかにするために、本書ではおもに番組制作会社で働いている人たちの証言を集め、この構造が、私たちが日常で目にする日本のテレビ番組にどのような影響を与えているか、そして放送事業の将来を考えるうえで何を意味するのかを検討する。こうした本研究は、従前の放送研究に欠如していた番組制作会社に光をあてることによって、そこから日本の放送制度の脆弱性を炙り出すことを目的とする。

なお、本書では「番組制作会社」の「番組」とは断りのない限りテレビ番組を指す。日本の広告市場のデータでも、日本の広告産業の売上のうち、テレビが占める割合は全体の26・9％（うち地上波25・0％）、ラジオは1・7％（電通 2021）であり、テレビ事業の量的な優位は明らかである。したがって、「番組制作」を論ずるとき、代表的な現象として「テレビ番組制作」を論じる。また、「番組制作」には一部「製作」という漢字をあてることがあるが（ATP 2016）、本書ではより一般的な「制作」という漢字を使用する。加えて、本書で「テレビ局」という場合は、おもに、総務省によって周波数の割当を受け、放送業務のための電気通信設備を備え、放送免許をもつ基幹放送事業者のうち、「地上系放送事業者」(5)を指す。つまり、日本で戦後、「テレビ局」としてもっとも一般的に知られてきたNHK、そして東京キー局5局（TBSテレビ［以下TBS］、日本テレビ［以下日テレ］、テレビ朝日放送［以下テレ朝］、フジテレビジョン［以下フジ］、テレビ東京［以下テレ東］）、ならびにそこに連なる系列ローカル局から成る放送局を指すこととする(6)。

2　「番組制作会社」の定義

では、「番組制作会社」とは何か。

「公的な」定義としては、2015年に公表された、公正取引委員会による「テレビ番組制作の取引に関する実態調査報告書」にあるので、これに依拠したい。同報告書では、「テレビ番組を制作する事業者」として以下の説明がある（公正取引委員会 2015：6以下）。

テレビ番組を制作する事業者には、テレビ局、局系列テレビ番組制作会社及び〔独立系〕テレビ番組制作会社がある。

テレビ番組制作会社には、自らテレビ番組を制作している事業者のほか、機材や編集設備を持たず、プロデューサーやディレクターのみが在籍して番組制作の遂行・管理のみを行っている事業者や自社の従業員をテレビ局等に派遣し、テレビ局等の指揮命令下においてテレビ番組制作に関する業務を行う事業者がある（〔　〕内は筆者が補足）。

この定義のとおり、テレビ番組制作会社は、まずはテレビ局の系列会社と、そうではない独立系に分かれるが、いずれも規模は大小さまざまだ。また、会社によって得意分野があり、海外もの、バラエティ、料理、報道などのジャンルを決めて制作しているところもあるが、近年はあらゆる受注に対応するために、特定ジャンルに絞る会社は少なくなっている印象だ。また、上記の定義にあるとおり、各社で番組を制作するのではなく、ディレクターなど番組制作に関連する人材派遣業がおもになっているところもある。

公正取引委員会はさらに、テレビ番組制作会社の説明をしたのち、テレビ局とテレビ番組制作会社との間のおもな取引形態について、以下のとおりの説明をしている（公正取引委員会 2015：6－7）。

（1）完パケ（「完全パッケージ」の略称）

テレビ番組制作会社が、テレビ局等からテレビ番組の全部の制作について委託を受け、当該テレビ局等に対し、テレビ番組を放送できる状態で納品する取引。

例えば、テレビ番組制作会社が、テレビ局から2時間ドラマ1本の制作の委託を受け、当該番組を放送できる状態で納品する場合が該当する。

（2）一部完パケ

テレビ番組制作会社が、テレビ局等からテレビ番組のコーナーなどテレビ番組の一部の制作について委託を受け、当該テレビ局等に対し、テレビ番組のコーナーなどを放送できる状態で納品する取引。

例えば、テレビ番組制作会社が、テレビ局から1時間の情報番組のうち5分間のグルメ特集コーナーの制作の委託を受け、当該コーナーを放送できる状態で納品する場合が該当する。

（3）制作協力

テレビ番組制作会社が、テレビ局等が制作するテレビ番組に関する演出業務等、一部の業務の委託を受け、当該業務を行う取引。

例えば、テレビ番組制作会社が、テレビ局が制作する1時間のバラエティ番組のうち、演出業務の委託を受け、当該業務を行う場合が該当する。

（4）人材派遣

テレビ番組制作会社が、テレビ局等に対し人材を派遣し、テレビ局等の指揮命令下で業務を行う取引。

例えば、テレビ番組制作会社が、テレビ局に対し人材を派遣し、テレビ局の指示でアシスタント・ディレクター業務を行う場合が該当する。

公正取引委員会は、テレビ局との取引関係の形態を分類することで、番組制作会社の仕事を分類している。つまり、番組制作会社は、その存在根拠をほぼテレビ局からの受注に依存し、その仕事や役割が定義づけられていると言える。テレビ局系列の子会社と独立した会社の二種類があるとはいえ、番組制作会社のアウトプットはいずれもテレビ局に強く依存しており、この事実がテレビ局の優位性を確たるものにしてきたのだった。

3 番組制作会社が注目される背景

下請取引の適性化

番組制作会社は、個別の事例[7]を除いては、ある時期までは放送局の陰に隠れ、放送事業のアクターとしてはほとんど注目されてこなかった。ところが、2000年代に入って、映像コンテンツという商品、なかでも著作権の取引状況が注目されたのがきっかけで、番組制作の実態にも目が向けられるようになった。この動きを主導したのが、公正取引委員会だった。公正取引委員会は、2003年、その監督下にある「下請代金支払遅延等防止法（下請法）」を改正し、規制対象となる下請取引の範囲に、「情報成果物作成委託」にかかわる経済取引の一環として「放送コンテンツの取引」を追加した。つまり、番組制作会社のあり方についての議論が始まったのは、それまで「専門家」たちが取り上げてきた「放送の公共性[8]」という理念から導き出されたのではなく、「経済取引の公正性」という観点からだった。したがって、番組制作会社のあり方に対して問題提起したのも、「監督庁」と呼ばれる総務省ではなく、経済産業省の外局である中小企業庁だった。こうした背景から、資料には、総務省以外が「放送コンテンツ」を取り沙汰する動きに対して、当時「放送業界全体に驚きが広がった」（放送コンテンツ適正取引推進協議会 2021：93）とある。

公正取引委員会の報告書のなかでは、放送事業者（放送局）は番組制作会社との取引において「採算確保が困難な取引（買いたたき）」「著作権の無償譲渡」「二次利用に伴う収益の不配分」等の「優越的な地位の濫用」行為が比較的高い割合で見られたことが問題視されており（公正取引委員会 2015）、是正への取り組みの必要性が指摘されている。もともと、日本の放送事業を規律する放送法の第1条では、同法が「放送を公共の福祉に適合するように規律し、その健全な発達を図ることを目的」とするとあるのだが、放送局内部の実態に目を移せば、そこは健全には程遠く、理不尽な序列構造によって番組が生産、取引され続けてきた実態が明らかになったのだった。

公正取引委員会の動きを受けて、総務省でも2008年「放送コンテンツの製作取引の適正化の促進に関する検討会」が設置された。この検討会は、「昨今、放送コンテンツ製作における放送コンテンツ製作者の役割の重要性は増大しており、製作環境を改善し、製作インセンティブの向上を図る観点からも、製作取引の適正化の要請は一層高まっている。こうした状況を踏まえ、放送コンテンツに係る製作取引の現状を検証するとともに、当該分野における下請取引のガイドラインの策定など、より適正な製作取引の実現に向けた具体策の検討を行う」と述べ、ガイドラインを策定した（総務省 2009：35）。

ガイドラインはその後、改定が重ねられて現時点では第7版となっている（総務省 2020）。こうした積み重ねとともに、今日では放送事業者の間でも放送局と番組制作会社の序列構造とその権力関係に基づく不公正な取引形態が広く認知されるに至り、関係者間である程度まで問題意識が共有され、少しずつ改善も見られるようになってきたが、まだまだ「イコールパートナー」と言える状況にない（ATP 2016）。

また、2000年代以降、グローバルな傾向として、多メディア化とデジタル化が進み、作品が媒体を離れて取引される商品として考えられるようになっていったことも、番組を異なる光のもとに置くことになった。特に、社会の側で「知的財産」や「著作権」という概念が一般的となり、番組をはじめとするコンテンツもあくまで「つくり手」に帰属し、対価を受け取るべきだという権利意識が定着していく（レッシグ 2003＝2005、フロリダ 2002＝2014）。こうした傾向とともに「文化産業」（Hesmondhalgh 2005; Kwon and Kim 2014）さらには「ソフトパワー」という概念、その文脈での「韓流ブーム」など、テレビのコンテンツが商品としてだけでなく、国家政策や外交などの政治の場面での切り札になりうるという認識も広がり（ナイ 2002＝2004）、番組コンテンツは下請けに発注する大企業のものではなく、もともとのアイデアを案出し展開するクリエイターたちのものだとする考え方に共感が集まるようになった。

以上のように、2000年代初めの公正取引委員会の動き、そして世界的な「コンテンツブーム」の流れが、番組制作会社のあり方を見直すきっかけとなった。放送免許という「お墨付き」をもつ放送局は、そこから導き出された番組の諸権利をめぐる優越的地位の正当性を問われることになったのだ。

働き方改革

番組制作会社の実態は、番組の取引以外の部分でも問題視されるようになった。それが、労働条件や労働環境である。

冒頭の是枝の発言はそれを象徴するものであろう。番組制作会社「テレビマンユニオン」出身の是枝は、2018年、第71回カンヌ国際映画祭で最高賞パルム・ドールを受賞した。世界の映画界最高峰の舞台で賞を獲得した是枝であるが、彼も「テレビマンユニオン」時代にはテレビ局の社員より低い給与で働いていた。人一倍番組制作に熱意をもっていた是枝は、同じ仕事をしているのに労働条件がNHKより悪かったことについて問題提起するだけでなく、制作者らしからぬ、サラリーマン的な発想に馴致されたＮＨＫ局員たちを痛烈に批判している。

しかし、是枝の指摘はＮＨＫだけにあてはまるものではない。第1章で詳述するが、急成長した産業での恒常的な人手不足を補うために、正規、非正規から成る「混成部隊」による「過酷な労働現場」は、テレビの創成期以来業界全体の「伝統」とさえ言えるものである。さらに、番組制作会社の社員の仕事場は、テレビ局のスタジオ等であり、多数の会社が入り組み、指示命令系統と雇用責任者が見えにくい。そうなると、たとえば組合を通した団体交渉等にもつながりにくく、団結して声を上げる契機も道筋も少ない。また、もともとタテ型序列の下位に位置して弱い立場にあるため、現場のあらゆる雑用を任せられ、それだけに勤務時間も条件もいっそう他律的で不規則となり、主体性を奪われた状態にある者たちが多い。このような業界慣行と業界事情によって、近年叫ばれる「同一労働同一賃金」の原則とは程遠い状態の職場ができあがったのだった。

番組制作の現場が「ブラック」な職場であるという認識は、２０００年代以降、社会に急速に広まってきた。とりわけ２０１５年以降、当時の安倍内閣が「働き方改革」を掲げて日本の労働慣行の見直しを進める動きが活発化してきた頃からより強くなっていった。東京・三田労働基準監督署は、すでに２０１０年と11年に、テレビ番組制作会社に対する集団指導を実施している。指導は以降も続き、再三の指導にもかかわらず改善が進まないとされ、２０２０年の報道によると、三田労働基準監督署の古賀睦之署長が集団指導の場で「過労死を報道している放送業界が自ら過労死を起こすことがあってはならない。より労務管理を徹底してほしい」と挨拶している（労働新聞ニュース 2020）。若者の労働・貧困問題に取り組むNPO法人POSSE代表の今野晴貴は、2017年に「私たちのNPO法人POSSEには、日々長時間労働や残業代未払いの相談が寄せられているが、とりわけ過酷な労働相談が多いのが映像業界だ」と指摘している（今野 2017）。今野は、特にアシスタント・ディレクター（AD）からの相談が多いことに懸念を示す。ADたちは、業務量も業務内容もコントロールできない一方で、要求される映像の内容や納期はすでに決まっており、全体の仕事のなかで「歯車」として大量の仕事を任される。特に、納期については放送日程が決まっているにもかかわらず、上から下りてくる番組内容の変更にも対応を余儀なくされるために、「業務の『帳尻』を合わせる役割を一心《ママ》に担っている」と現場の惨状を報告している（今野 2017）。今野らの説明を踏まえるならば、番組制作会社の長時間で過酷な労働は、いわゆる文化芸術分野等の専門職部門に見られる「完成度を目指すがゆえの自己犠牲」というより、背景にある業界のヒエラルキーゆえの構造的圧力に原因があると考えられる。

こうした傾向を是正するために、2022年には、たとえば日テレはADを「YD（ヤングディレクター）」という職名に変更するとともに労働条件や地位に関する改善と刷新を図った。報道によると、深夜労働禁止、22時以降の会議禁止など、働き方改革も実行するという。しかし、こうした動きには疑問の声も上がる。元日テレのプロデューサーだった村上和彦は、近年のテレビ局の収入減、それに伴う番組制作費の削減傾向のなかで、こうした名称変更だけでの改革は難しいと語っている（村上 2022）。番組制作現場の労働環境は依然として厳しく、映像制作という仕事の魅力を減じていることは間違いない。

デジタル技術革新

ここまで述べたようなネガティブな意味で番組制作会社が注目され始めた背景には、デジタル技術の発展と普及による放送事業そのものの苦境も重なっていると言えよう。端的な指標は、減少するテレビ局の事業収入で、それに伴って番組制作費がカットされてきた。毎年行われる電通の調査では、テレビの広告収入はすでに2019年にインターネットに追い抜かれている（電通 2020）。

深刻なのは、こうした事業収入の減少が単に時代の景気に左右されるといった一時的な要因ではなく、技術革新による新たなデジタルメディアの登場とともに広がる人々のメディア利用行動変容と関係していることだ。2015年のNHK調査報告書によると、すでに当時からテレビに毎日接触する人の割合が8割を下回り、1985年の調査以来、初めて視聴時間が減少に転じた（木村ほか 2015）。減少は加速していると言われており、とりわけ若者の間で著しい。メディア・コンサルタントの氏家夏彦は、東京キー局の2021年3月期の決算報告書ならびに近年の事業収入の変遷、そして2020年のNHKによる「2020年国民生活時間調査」を合わせて、テレビの将来について分析している。氏家によると、局によって差はあるものの、テレビ局は「かつてないほどの苦しい状況」にあり、この状況は一過性のものではなく、将来にわたって続く危機だと予想している。氏家の指摘するとおり、ネット時代の今、軒並み若い世代でテレビを見る人が激減し、1日に15分以上テレビを見ると答えた「テレビの行為者率」は、男性20代は平日、土曜、日曜とも50％を下回り、女性も土曜、日曜は50％に満たない（渡辺ほか 2021：19‒20）。氏家は、「10代から30代の若い人たちはテレビを見なくなりネット動画を見るようになっている。地上波テレビ放送に執着しているのは60代以上の老人ばかり」で、現在のように「フェイスブックやツイッターなどのSNSなどを使ったことのない60代以上の高齢者が経営者でいる限り、テレビ局は急激に加速する変化に対応できない」と警告を発している（氏家 2021）。今日、番組制作の現場では視聴率至上主義はそのままに、しかしコストカットも同時に至上命題となっている。そして、コストカットのしわ寄せは、ほかでもなく番組制作会社に来ている。[9]

放送事業の不振が取り沙汰されるなか、総務省では、技術革新の流れのなかで2021年に「デジタル時代における放送制度の在り方に関する検討会」（以下、検討会と記す）を招集した。この検討会では、「ブロードバンドインフラの普及やスマートフォン等の端末の多様化等を背景に、デジタル化が社会全体で急速に進展する中、放送の将来像や放送制度の在り方について、『規制改革実施計画』や『情報通信行政に対する若手からの提言』（令和3年9月3日 総務省情報通信行政若手改革提案チーム）も踏まえつつ、中長期的な視点から検討を行う」とされた。検討会は法学研究者を中心とした有識者で構成されているが、オブザーバーには日本放送協会（NHK）および一般社団法人日本民間放送連盟（日本の商業放送である「民放」の業界団体「民放連」）のみが入り、番組制作会社は、定常のメンバーとして含まれていない。

山田健太は、「免許事業としての放送」は、戦後、「放送・通信の52年体制[10]」として発展したのち、近年はいわゆる「規制緩和」が続いてきたと指摘する。とりわけ、2010年、放送法が大幅に改正され、それまでの通信と放送のいわゆる「縦割り行政」を修正し、両者の融合が目指され、従来の免許制下の放送局以外にも放送事業参入が可能になった（山田 2021：168以下）。つまり、日本の放送事業は、制度的には通信と放送の融合を見据えて番組（コンテンツ）が送信施設（コンジット）から切り離される「コンテンツ時代」に対応したものとなったのだった。だが、実際はこの法改正によって放送事業の景観は大きくは変わらず、事業の行方を決めるメインプレイヤーは相変わらず送信施設所有を前提とした地上波放送局関連の各社、つまり送信施設をもった放送局を中心としたＮＨＫならびに東京のキー局5局のままなのだ。法律や制度をいくら改正しても、放送事業の行方を決定するアクターに変化が見られない限り、多くの変化は望めそうにない。日本ではいまだに「番組は放送局で制作されている」というタテマエが守られ、政策もその認識のもとで協議されている。今後、放送局と番組制作会社が対等な取引パートナーとならない限り、コンテンツ制作を重視する放送事業へと抜本的に転換することは困難であろう。少なくとも、総務省、業界、そして学界が、テレビのもっとも重要な部分である番組制作のあり方に光をあて、より踏み込んだ政策や施策を考えていかない限り、日本の放送産業に構造的な変革は起こらず、「52年体制」温存のまま、デジタル対応に奔走する状況が続くだろう。したがって番組制作会社のあり方を考えることは、日本の放送事業のみならず、それを超えたコンテンツ事業を見据えた射程へと広がりをもつのである。

4　本調査の問いとポリティカル・エコノミーの視座

テレビ放送事業は大きな転換期にさしかかっている。

テレビ放送事業がデジタル技術革新による大転換期を克服し、元祖コンテンツ産業としてのプレゼンスを示して再生するためには、送信施設（コンジット）をもつテレビ局と番組（コンテンツ）制作の部門との垂直統合と序列を解体すること、さらに番組制作者たちの仕事を尊重し、より権限をもたせることが必要であろう。しかしながら、日本では今日も番組制作会社という存在は、〈テレビ局〉という大きな恐竜の陰にあって、存在が見えないままである。本研究チーム[11]は、こうした問題意識とともに番組制作会社に焦点をあてて、以下のような問いを立ててみた。

（1）日本の番組制作会社は現在、どのような過程を経て番組を制作しているか。その過程で局との関係はどうなっているのか。

（2）番組制作会社にはどのような人たちが働いているのか。多様化する社会情勢にマッチした多様な人たちが働いているだろうか。キャリアパスはどのようなものか。

（3）番組制作会社の社員たちは、どのような意識でコンテンツ制作をしているのか。テレビ放送に基礎づけられている公共性規範、および倫理をどう受けとめているか。

（4）番組制作会社の労働条件や環境の実態は現在どのようなものか。

また、今日、番組制作会社は、企業や学校のビデオ教材作成、ならびにＶＯＤ（ビデオオンデマンド、ネットフリックス、アマゾンプライム、Ｈｕｌｕなどの動画プラットフォーム）でネット配信する番組やインターネットのＣＭの制作など、事業を拡大させている。そうした観点からすると、番組制作会社の取引は必ずしも局に依存せず、自由度は上がったと言えるのかもしれない。こうした事業の多角化についても考察を加えなければならない。したがって、5点めとして次の問いも立てた。

（5）ネットの普及やデジタル化は、番組制作現場にどのような影響をもたらしているか。アウトプット公開の場の多様化は、番組制作会社の自由度を広げているか。

以上の問いの答えを得る調査のために、本研究ではS・コトルのマッピングを参考にしつつ、下記のように研究計画をいくつかのレベルに分けた（Cottle 2003：20）。

マクロレベル――放送産業論、制度論をもとに、全体のプロセスのなかでの番組制作会社の役割、地位、実践について、政府統計や業界団体資料などをもとに、社会における放送事業の位置づけの歴史的変容と実態を明らかにする。

メゾ（中間）レベル――番組制作会社組織にはさまざまな形態、規模がある。それらを業界団体資料や業界幹部インタビュー調査とともに分類しつつ、業界および組織について考察をする。

ミクロレベル――番組制作会社のディレクター、アシスタント・ディレクターなど、現場で働く人々の役割期待、職業規範、職業意識、仕事のイメージ、労働実態等をインタビュー調査によって明らかにする。

本研究ではまず、ミクロレベルの調査を重視し、これまで研究書ではほとんど取り上げられてこなかった番組制作会社社員たちの現場の声を集めていった。調査にはインタビュー20名（「制作会社所属」の方々）が協力してくださった。日々の仕事のやり方、その際の悩みや喜び、局とのやりとりや関係などについて長時間インタビューに答えていただいた。

しかし、ミクロレベルでの証言だけでは事業の全体像とつながりにくい。したがって、さらにメゾ・レベルインタビューとして、制作会社黎明期からかかわっているOBたち、制作会社社長、幹部など社同士の横のつながりのある者たちにインタビューをし、業界の歴史、局や社同士の取引の諸事情、そして業界の展望などについて詳しく話をうかがった。

そのうえで、現在の放送事業全体に起こっているマクロな知見を得るために、主要業界団体幹部および放送分野を専門にし内部の事情にも詳しいメディア研究者たちにもインタビューした。そのほか、政府や業界の一次資料、業界誌などもできる限り渉猟し、参考にした。

以上のような手法によって、本書第1章は、マクロレベル分析として、さまざまな一次資料や先行研究とともに番組制作会社の歴史と現在をたどった。番組制作会社の歴史をたどることは、まさに日本の放送事業の軌跡と現在を逆照射する作業となった。その際、資料や研究書のみならず、専門家や業界キーパーソンたちの証言を取り入れ、メゾレベル、つまり各社、各現場で何が起こっているかを再構成し、日本のテレビ放送業界の問題を明らかにする。

第2章、第3章は、本書の主要部分である。おもにミクロレベルのインタビューデータ分析である。番組制作会社で働く人たちのさまざまな証言とともに、局との関係、働き方、キャリア形成、デジタル化によるテレビの将来を語ってもらい、インタビューデータをまとめた。近年特に問題視されているアシスタント・ディレクターたちの日常を描くことを手始めに、彼ら・彼女らが現在の制作現場にどのような思いを抱いているのか、ADは、生涯の仕事として腕を磨き、展望を抱くことができる職業なのか。また、ベテラン制作者から見て現在の番組制作の状況はどのように映っているのかなどに迫るとともに、ジェネレーション間の連続性と断絶を探っていく。一人ひとりの証言には、戦後のテレビというメディアの歴史が色濃く反映されていることが見て取れよう。

第4章では、地方の番組制作会社における番組制作現場で働く人たちに焦点をあてている。彼・彼女たちによると、番組制作会社の仕事場は、地方のほうが「人間らしい」という。そのような証言が集まる業界の構造的背景などを描出しながら、番組制作会社の仕事のやりがいと課題を描き出すとともに、よりマクロな視点から「メインストリーム」と考えられている首都圏の番組制作現場の問題をも炙り出していく。

第5章では、番組制作会社にジェンダーの視点から光をあてている。女性たちのなかには、やりがいを感じてキャリア形成をし、成長できる幸運な者もいる一方、ワーク・ライフ・バランスを尊重されない職場から離脱していく者も多い様子をインタビュー証言をもとに再構成する。特に、放送局正社員との格差は、若く、最下位職である女性アシスタント・ディレクターたちの身の上にもっとも強く現れる。現場の証言をもとに、女性にとってだけでなく、男性にとってもキャリア形成を妨げ、業界全体の持続的発展を妨げている職場環境の実態を論じていく。

なお、研究手法は以上のとおりに進めたが、本書を貫く全体的視座として、メディアのポリティカル・エコノミーという思想があることについて触れておきたい。というのも、このポリティカル・エコノミーという視座によって、番組制作会社の問題は、私たち社会全体で共有すべきこと、すなわち身近な映像文化やテレビ視聴行動などとつながっていることが明るみに出るからだ。

メディア・コミュニケーション分野でポリティカル・エコノミー研究をリードするV・モスコの言葉を

借りると、ポリティカル・エコノミーは、資本主義社会における「リソースの生産、分配、消費において必要とされる社会関係、特に権力関係の研究」（Mosco 2009 : 24; Wasko 2005 : 27）である。モスコはまた、ポリティカル・エコノミー研究をより広く「社会生活における支配（コントロール）と生き残り（サバイバル）の研究」とも言い換えている。この二つを合わせると、「支配（コントロール）」の研究は権力関係（政治）の探究であり、「生き残り（サバイバル）」の研究は生産・分配・消費（経済）の探究となる（Mosco 2009 : 2）。したがって、日本の番組制作会社の研究の文脈にあてはめれば、どの組織が番組制作に関与しているのか、なぜテレビ局と番組制作会社の序列関係が生まれるのか、相互の利害関係はどのようなものか、それはテレビ画面上にどのような影響を及ぼすか、などを研究することになる。こうして、ポリティカル・エコノミー研究の視座を援用すれば、私たちが目にするテレビ番組の傾向や質は、その根幹にある放送事業の権力関係や経済利害に変更を加えない限り、大きくは変わらないという認識に至る。番組制作会社社員の働き方、一つ一つの番組の質といったミクロな状況と、産業構造や映像文化というマクロな状況は相互に規定し合い、つながっているのである。本書は、このようなポリティカル・エコノミーの考え方に基づいて番組制作業の調査にチャレンジした記録である。

5　番組制作会社研究の困難

ここまで、本調査において番組制作会社を研究することの意義を述べた。しかし、調査では、何度も困難に直面することとなった。

第一に、番組制作会社は、免許制によって規制されているわけではなく、業界団体に所属しない社も多いため、全体像が把握できず実態もつかみにくい。会社の規模も業態も多様で、入れ替わりも激しい。そうであるから、一部の現場の話が番組制作会社全体にあてはまるかどうかも確証がない。何より現場で働く社員たちは非常に忙しく、事業全体を俯瞰する視角ももちにくく、インタビューに答える余裕がない者も多い。また、業界のタテ型序列構造ゆえに、その実態を話すことを躊躇する空気もある。多くの会社が競合する業界だけに、少しでも批判的なことを言えば「面倒なことになる」リスクがある。今回の調査でも多くを語らない関係者もいた。

こうした番組制作業界固有の状況に加えて、放送業界全体の不透明さも調査を困難にする。これが番組制作会社研究の難しさの第二点めだ。放送事業は、政府関係者、とりわけ許認可を担当する総務省、放送事業者、資本関係をもつ新聞社、さらにこれらにまたがって影響力を発揮してきた電通、博報堂などの広告代理店が支配する世界だ。こうした業界内部の人事交流や資本関係が制作の現場にどのように影響するのか、推し量るのは難しい。

また、NHKの場合、過去に郵政官僚小野吉郎が専務理事として経営に参画し（1959年）、会長就任後の1973年、ロッキード事件で逮捕・保釈中の田中角栄・元首相を目白の私邸に見舞った「事件」など、政府や与党との「近さ」がつとに指摘されてきた（松田 2005：99）。松田浩は、政府がNHKに干渉・介入する理由として、NHK予算が国会で承認されなければならないこと、経営委員の任命権が首相にあること、政府が放送に関する法律提案権をもっていること、の3点を指摘している（松田 2005：116−120）。ただし、松田が指摘する政府との「近い」関係は、NHKだけではない。たとえば、最近では2021年、菅義偉首相（当時）の長男が、放送事業会社・東北新社の部長として総務省幹部官僚らに高額接待をしていたことが発覚し、それをきっかけに放送行政のあり方が問題となった（総務省情報通信行政検証委員会 2021、東北新社特別調査委員会 2011、読売新聞 2021）。この事例に限らず、有力政治家や官僚とテレビ局との不透明な関係も、戦後まもなく電波割当の時期から始まっており、各所で指摘されてきた（松田 1980：324以下）。なお、これまで、日本全国で政治家の親族が放送事業会社に関与していたり、政治家の縁者が放送局や大手広告代理店に就職したりすることもめずらしくないと噂されてきた。しかし、その実態解明は進んでいない。

最後の点として、番組という商品取引において誰がもっとも権限をもっているかという構造が見えにくいことがあげられる。日本の商業放送部門ではとりわけ、「ネットワーク」という概念がコンテンツ供給において重要な役割を果たしてきた。この「ネットワーク」は、番組中心の自由な提携関係ではなく、実質上企業の序列構造によって固定された「ステーション・ネットワーク」[12]となっており（松田 1980：320）、その定義も歴史上アドホックに理解されるのみで「外部から見て必ずしもわかりやすい形態を取っていない」（村上 2010：8）。系列やネットワークという概念に加えて、番組取引には大手広告代理店や芸能プロダクションなども関与しており、現場の力関係は外部の者からはうかがい知れない。

以上に述べたような透明性に欠ける構造は、番組制作だけでなく、放送事業全体に関する研究状況にも影響してきた。日本の放送行政や事業の実態を把握するためには、政府や業界に近い立場からのインサイダー情報が必要になることが多い。総務省には放送行政に関して数多くの審議会が開催されてはいるが、そのほとんどは制度論、政策立案などに関するものでおもに法学研究者が携わっているものの、そうした制度が実際にどのように運用されているか、施策の効果はどのようなものか、制作現場はどのように組織され、動いているのかについて、エビデンスとともに広く多様な研究者によって検証される機会がない。加えて、諸外国では当然のようにネット等で一定期間、番組が手軽に体系的アーカイブとして入手できるのに比べて、日本では研究者が手軽に利用できる体系的アーカイブがほとんど存在しない[13]。これも日本の放送研究の発展にマイナスである。つまり、日本の放送事業はさまざまな点において公共の目の届かないまま発達してきたと言っても過言ではない。

この研究も、さまざまな関係者の「つて」をたどって番組制作会社関係者一人ひとりにアクセスをし、話を聞き、そこから番組制作の実態や放送事業の現在を再構成しようと努めた。しかし、全体がカバーされているかは確信がない。この研究が一つの契機となって、今後、番組制作事業や番組制作プロセスにより光があたり、番組制作現場のリアリティがしっかりと明るみに出ることを願っている。

〔注〕

（1）2022年4月の早稲田大学の入学式において、是枝が「以前一度だけ祝辞を述べた過去があります」として紹介したエピソードより（是枝 2022）。

（2）「民間放送」という、日本独特の用語の由来については、松田（1980：77以下）に詳しい。松田は、戦後まもなく立ち上がった放送について、それを「民間放送」と呼ぶか、「商業放送」と呼ぶかという論争があり、結局「民間放送」に落ち着いた経緯を振り返る。そして、この呼称の背景には「戦前のＮＨＫに対するアンチテーゼとして歴史的に登場した」と指摘している。つまり、「民間放送」という言葉は、当時の事業者たちが、国策に加担したＮＨＫを「公共放送」と呼ぶことに違和感を示しつつ、新たな放送を「民間」で支えようとする気概が込められていた。その後、日本の商業放送は業界関係者によって「民放」と呼ばれ、また業界団体も「民間放送連盟」と名づけられて発展してきた。しかしながら、これらの用語は日本特有の業界用語であり、メディア制度論的には、現状「民放」と呼ばれている組織は、ほかでもなく広告収入をもとに運営される商業放送である。

（3）ちなみに、欧州の放送制度は80代半ばまでは公共放送独占体制であった。また、アメリカ合衆国では、今日も商業放送が主体となっている。さらに、公共放送と商業放送の二元体制であっても、欧州、韓国などに見られるように、公共放送に複数の事業者があることも多い。戦後すぐに公共放送と商業放送の二元体制で発展してきたこと、そして公共放送事業者はＮＨＫが一局独占しているという制度は、日本の放送事業構造の特徴である。

（4）なお、海外のmedia production研究の層は厚い。その概観についてここではレビューする紙幅がないが、たとえば、Cottle (2003), Mayer, Banks and Caldwell (2009) などを参照されたい。

（5）総務省の資料による（https://www.tele.soumu.go.jp/j/sys/media/index/chizyou.htm）。本書では、ここにある「地上系放送事業者」１９４社のうち、テレビジョン放送事業をするキー局、準キー局、ローカル局のことを指す。

（6）キー局系列に属さない地上波独立Ｕ局もこの範疇であるが、その固有性と番組制作については、稿を改めて論じたい。

（7）たとえば、「テレビマンユニオン」結成の背景などはこの例外であろう（萩元・村木・今野：２００８）。また、１９８５年に始まった「ニュースステーション」は、タレントマネジメント兼番組制作会社である「オフィス・トゥー・ワン」が電通と協力し、当時バラエティ番組の司会者だった久米宏を起用。「今までの〝聖域〟とされていた報道領域の中へ、局外の制作会社を導入」するという日本のテレビ史上の「大英断」として話題になった（オフィス・トゥー・ワン・ウェブサイトより https://oto.co.jp/company/ ２０２２年6月12日閲覧）。

（8）たとえば、日本民間放送連盟は１９６６年に『放送の公共性』という書籍を出版し、同連盟研究所長赤尾好夫は、その序文において「民間放送とＮＨＫとが併存するこの時代に即したかたちでの、放送はいかにあるべきかという積極的体系的な放送論は、まだ現われていないという感想をわれわれは禁じえない」と綴っている（日本民間放送連盟研究所編 １９６６：序文）。その後、日本の放送研究では、「公共性」をキーワードにして、あるべき放送の姿を探る数えきれない論文が輩出されてきた。

（9）奥田（２００９）の記事によると、「民放局の収益落ち込みに伴う制作費の削減は、制作プロダクションの経営に大きな影響を与えはじめており、東京と大阪で120社が加盟する全日本テレビ番組製作社連盟（ATP）は、2008年10月16日に番組制作に関する苦情を受付ける『制作費@110番』を設置してプロダクションからの情報を集め始めた。この電話窓口は、放送局が優越的な地位の濫用にあたるようなやり方で、制作会社に対して制作費の切り下げを要求するケースを想定して開設されたもので、相談内容は公表されていないが、11月末までに、すでに厳しい状況の報告があがっているという。放送局が番組内容に変更がないにもかかわらず、経済的な理由で制作単価の一律カットをプロダクションに要求することは、下請法第4条5項の禁止事項である『買いたたき』に該当するが、弱い立場にあるプロダクションは従来から放送局が取引停止をちらつかせると逆らえないのが実態で、多くの場合は『泣き寝入り』になるという。こうしたことから『制作費@110番』では、独禁法や下請法の専門家に相談しながら個別の問題に対応している」とある。

（10）日本の放送は1950年に制定された電波法と放送法によって規律されている。電波法は、放送のための無線局への電波の割当など技術面を規律し、放送法は放送の種類、放送を行う事業体のあり方などを規定するとともに、第4条では放送番組の内容に関しても踏み込んでいる。当初は、この2法のほかに電波監理委員会設置法があり、これらを「電波3法」と呼称していたが、1952年に免許の許認可権限をもっていた同委員会自体が廃止され、郵政省（現総務省）にその管轄が移ることで放送行政の現在の形が完成した。これが「52年体制」と呼ばれる所以である（山田 2021：168）。この体制では、免許をめぐる許認可権限が政府（総務省）に存することが、「表現の自由」のあり方との兼ね合いで、かねてから有識者の間で問題視されてきた。

（11）本研究は、GCN（Gender and Communication Network）のメンバーによって行われた（詳しくは本書「あとがき」参照）。

（12）「ステーション・ネットワーク」に対して、「フリー・ネットワーク」は、独立した放送局が番組ごとにケースバイケースで自由競争のなかで形成していくものである。日本も当初は「フリー・ネットワーク」が中心で、ローカル局の自主性が重んじられていた（松田 1980：320-321）。

（13）NHK番組アーカイブスには「学術利用トライアル」という仕組みがあるが、閲覧場所も内容もNHKによって限定されている。

〔参考文献〕

浮田哲 2008「テレビ番組制作委託の現状に関する研究——制作ディレクターの意識調査を中心に」修士論文（上智大学）

氏家夏彦 2021「テレビを見ないが過半数『男20代と女10代』の衝撃——NHK調査でわかった地上波放送の終わりの始まり」（6月21日）https://toyokeizai.net/articles/-/431686（2022年5月1日閲覧）

ATP（全日本テレビ番組製作社連盟）2016『ATPの主張——製作と権利の認識について』

奥田良胤 2009「番組制作費削減、ATPが『110番』開設」『放送研究と調査』2009年1月号、NHK放送文化研究所

木村義子・関根智江・行木麻衣 ２０１５「テレビ視聴とメディア利用の現在――『日本人とテレビ・２０１５』調査から」『放送研究と調査』８月号：18－47
公正取引委員会 ２０１５『テレビ番組制作の取引に関する実態調査報告書』
小林直毅 ２０１８『原発震災のテレビアーカイブ』法政大学出版局
是枝裕和 ２０２２「早稲田大学入学式祝辞」https://www.waseda.jp/top/assets/uploads/2022/04/2204_speech_koreeda.pdf（２０２２年４月16日閲覧）
今野晴貴 ２０１７「過酷化する映像業界　違法なサービス残業を蔓延させる『構図』」Yahoo!ニュース（６月25日）https://news.yahoo.co.jp/byline/konnoharuki/20170625-00072523（２０２２年４月12日閲覧）
総務省 ２００９「放送コンテンツの製作取引適正化に関するガイドライン」
総務省 ２０２０「放送コンテンツの製作取引適正化に関するガイドライン（改訂版）【第７版】」
総務省情報通信行政検証委員会 ２０２１「検証結果報告書（第一次）――東北新社の外資規制違反等の問題について」２０２１年６月４日
電通 ２０２１「２０２０年　日本の広告費」https://www.dentsu.co.jp/news/release/2021/0225-010340.html（２０２２年１月17日閲覧）
電通 ２０２２「２０２１年　日本の広告費」https://www.dentsu.co.jp/news/release/2022/0224-010496.html（２０２２年４月18日閲覧）
東北新社特別調査委員会 ２０２１「調査報告書（開示版）」２０２１年５月24日
ナイ、Ｊ・Ｓ ２００２＝２００４『ソフト・パワー――21世紀国際政治を制する見えざる力』山岡洋訳、日本経済新聞社
日本民間放送連盟研究所編 １９６６『放送の公共性』岩崎放送出版社
丹羽美之 ２０２０『日本のテレビ・ドキュメンタリー』東京大学出版会
萩元晴彦・村木良彦・今野勉 ２００８『お前はただの現在にすぎない――テレビに何が可能か』朝日文庫
長谷部恭男 １９９２『テレビの憲法理論――多メディア・多チャンネル時代の放送法制』弘文堂
放送コンテンツ適正取引推進協議会 ２０２１「よくわかる放送コンテンツ適正取引テキスト　２０２１年改訂版」
放送コンテンツの製作取引の適正化の促進に関する検討会 ２００９「放送コンテンツの製作取引適正化に関するガイドライン」https://www.soumu.go.jp/main_content/000011813.pdf（２０２２年６月25日閲覧）
放送コンテンツの製作取引の適正化の促進に関する検討会 ２０２０「放送コンテンツの製作取引適正化に関するガイドライン（改訂版）第７版」https://www.soumu.go.jp/main_content/000720416.pdf（２０２２年１月２日閲覧）
フロリダ、Ｒ ２００２＝２０１４『新クリエイティブ資本論――才能が経済と都市の主役となる』井口典夫訳、ダイヤモンド社
松井英光 ２０１７「村上七郎による『編成主導体制』導入の再考――テレビ制作過程への影響と、その後のシステムの変容」『実践女子大学人間社会学部紀要』13：１４７－１６５
松田浩 １９８０『ドキュメント放送戦後史Ⅰ――知られざるその軌跡』勁草書房
松田浩 ２００５『ＮＨＫ――問われる公共放送』岩波新書
村上和彦 ２０２２「日テレＡＤ→ＹＤ呼称変更も実態は変わりにくい事情――意識改革の狙いは理解できるが根本解決ではない」東洋経済オンライン（１月17日）https://toyokeizai.net/articles/-/503693（２０２２年５月１日閲覧）
村上聖一 ２０１０「民放ネットワークをめぐる議論の変遷――発足の経緯、地域放送との関係、多メディア化の中での将来」『ＮＨＫ放送文化研究所年報 ２０１０』８－

52頁
メディア総合研究所 1997a「テレビ番組を作る人たちの意識　番組制作現場へのアンケート調査から／産業構造プロジェクト」『放送レポート』147：58－63
メディア総合研究所 1997b「テレビ制作現場の声［放送局編］ソフト強化はかけ声だけか」『放送レポート』147：64－68
メディア総合研究所 1997c「テレビ制作現場の声［プロダクション、派遣会社、フリー編］どこがイコール・パートナーか」『放送レポート』147：68－75
メディア総合研究所 1998「テレビ局、番組制作・派遣会社の意識　経営者へのアンケート調査から／メディア総研産業構造プロジェクト」『放送レポート』150：38－43
メディア総合研究所 2004「これが『番組委託』の実態だ――『テレビ番組制作委託に関する番組制作社へのアンケート』結果分析／メディア総研『マスメディアの産業構造』プロジェクト」『放送レポート』187：38－45
メディア総合研究所 2009「番組制作会社に緊急アンケート――放送局『優越的地位』の現状は」『放送レポート』218：6－11
メディア総合研究所 2011「番組を作る人たちの意識――中間報告・番組制作の仕事に関するアンケートより／メディア総合研究所『メディアの産業構造』プロジェクト」『放送レポート』229：20－28
山田健太 2016『放送法と権力』田畑書店
山田健太 2021『法とジャーナリズム　第4版』勁草書房
レッシグ、L 2003＝2005『クリエイティブ・コモンズ――デジタル時代の知的財産権』林紘一郎ほか訳、NTT出版
労働新聞ニュース 2020「番組制作業者らに集団指導　三田労基署」（3月3日）https://www.rodo.co.jp/news/88839/（2022年4月12日閲覧）
読売新聞 2021「総務省接待『行政ゆがめられた可能性高い』――倫理規程違反の会食78件確認、32人処分」（6月5日）
渡辺洋子・伊藤文・築比地真理・平田明裕 2021「新しい生活の兆しとテレビ視聴の今――『国民生活時間調査・2020』の結果から」『放送研究と調査 2020 AUGUST 2021』

Cottle, S. (2003) "Media organisation and production: mapping the field." In S.Cottle (ed.) *Media Organization and Production*. Sage. 3-24.
Hesmondhalgh, D. (2005) "Media and cultural policy as public policy." *International Journal of Cultural Policy* 11(1): 95-109.
Kwon, S.-H. and Kim J. (2014). "The cultural industry policies of the Korean government and the Korean Wave." *International Journal of Cultural Policy* 20(4): 422-439.
Mayer, V., Banks M. and Caldwell J.T. (2009) "Introduction: Production Studies: Roots and Routes." In. Mayer, Banks Caldwell (eds.) *Production Studies. Cultural Studies of Media Industries*. Routledge. 1-12.
Mosco, V. (2009) *The Political Economy of Communication*. Second Edition. Sage.
Wasko, J. (2005) "Studying the political economy of media and information." *Comunicação e Sociedade* 7: 25-48.

（林香里）

第1章

制作会社の誕生と展開

テレビ制作の現場で

国広陽子・北出真紀恵

第1章は、番組制作会社がどのような経緯で誕生し、その後、どのように展開したのかをたどってゆく。1－1では、（1）テレビ放送の開始と番組制作体制、（2）労使対立と番組制作、（3）番組制作会社の誕生、と当時の社会状況と制作会社誕生の経緯を振り返る。高度経済成長とともに急拡大した放送産業は、その内側に激しい労使対立を抱える一方で、制作者のなかに労働者であることとクリエイターであることに葛藤を抱える者を生んだ。テレビ局の経営合理化策である制作部門の外部化は、一部クリエイターとの利害を一致させうる解決策でもあった。続く1－2では、テレビ産業が成熟期を迎える80年代以降の制作会社の展開を詳述する。テレビ業界キーパーソンへのインタビューを取り入れつつ、（1）デジタル技術革新、（2）「編成主導体制」と「視聴率至上主義」、（3）「労働市場」の規制緩和、をキーワードにその歴史をたどることを試みた。制作会社の展開を見ることはまさにテレビ放送事業の軌跡をたどることでもあった。最後に、（4）テレビ業界再編のうねりのなかで、番組制作会社がいかに翻弄されてきたのかを理解することにより、テレビ番組制作事業がこれからどこに向かおうとしているのかを考える手がかりとしたい。

1－1　制作会社の誕生
――一致した経営者とクリエイターたちの利害

1　テレビ放送の開始と番組制作体制――混成チームの現場スタッフで出発

実験放送を経てNHK、そして日本テレビとテレビの本放送が始まったのは、1953（昭和28）年である。55年には、ラジオ東京テレビ局（現TBS）が開局、翌56年大阪テレビ放送、中部日本放送（名古屋）が続く。当初はテレビ受像機が高価で簡単には普及せず、放送メディアの中心はラジオだった。

初期のテレビ放送の中身は舞台中継や実況中継、特にスポーツ中継（高校野球・プロ野球・相撲・プロボクシング・プロレス）の比率が高かった。日本テレビが関東一円で人出の多い駅頭などに設置した「街頭テレビ」に多くの人が群がった。

開局当初は、まだ制作体制は整っていなかった。NHKにあったスタジオは一つだけ、技術も演出家も外部から「調達」し、番組の制作には組織内スタッフと組織外の人々との混成チームがあたった。放送局内の制作陣も映画や舞台からの転入者が多かった（近藤 1985）。

中継番組が多いだけでなくニュース番組はフィルム映画ニュースの手法を借用することが多く、またラジオ放送と共通内容の番組もあり、テレビ独自の番組制作は少なかった。メディアとしてのテレビへの社会的評価は低く、「電気紙芝居」と揶揄された[1]。

高度経済成長が電化ブームをもたらすと、テレビ受像機も家庭へと普及していき、街頭からは姿を消す。1957年にはテレビ局の大量免許が認められ、1959年には東京に日本教育テレビ（現テレビ朝日）とフジテレビが、大阪に読売テレビと関西テレビが開局した。

周知のように同年の皇太子の結婚パレード中継を機にNHKの受信契約が拡大し、テレビ受像機も普及して、テレビ業界は勢いづいた。番組や報道での民放間の競争も激しくなるなかで番組制作者は「画のあるラジオ」を脱し、「テレビ的表現」（テレビならではの表現）への志向を強め、テレビ独自の内容や形式をもつ番組を作り出すようになる。

1957〜58年頃からは限られた資材でも、優れたドキュメンタリー作品やミュージカル・バラエティ（「光子の窓」など）が制作されるようになる。VTRの導入など技術革新でテレビ的表現の可能性が広がった。その一方、テレビにおける高額商品を賞品とするクイズ番組やナンセンスな公開バラエティ、プロレス中継などが「低俗・有害」と批判を受けるようになった。評論家大宅壮一によるマスコミ批判「一億総白痴化」論が話題を呼び、流行語になった（1957年）。

この時期には、占領期の「民主化」「男女平等」志向は一転して、政治は保守化傾向を強め、人々の間で政治への批判的態度も高まった。1959〜60年の日米安保条約調印をめぐる与野党の対立は激しく、テレビ局は政治報道における難題（政治的中立性の確保）を抱える。テレビの影響力の大きさを意識した保守政党は、政府に批判的ととれる番組を放送する放送局に警戒を強め、さまざまな形での圧力をかけた。

2　労使対立と番組制作——労働者としての番組のつくり手の葛藤

テレビ番組制作会社（いわゆるプロダクション）の設立が本格化したのは、1960年代から70年代にかけてである。この時期の設立には①映画会社のテレビへの参入、②テレビ局出身者による番組制作会社の設立、③技術系プロダクションの進化という三つの流れがあった（浅利 2007）。

放送局での労使対立——過酷な制作現場で

テレビの普及期にあたる60〜70年代は、急激な経済成長による社会的矛盾が噴出した時期でもあった。保守・革新という形で政治的立場が二極化し、労働運動が盛り上がっていく。そのなかで、放送労働者としての権利確立を求める労働組合運動が活発化し、放送業界での労使対立は激しさを増していく（民放労連・民放労働運動史編纂委員会 1988a、1988b、1990）。

民放で初めて労働組合が結成されたのはラジオ時代の1952年であった。まず中部日本放送労組、日本文化放送労組がそれに続き、次第に全国に労組結成が広がる。新聞やNHK出身者が労組結成の際の中心になった。産業別組織としての全国組織化への取り組みが始まり、1953年、日本民間放送労働組合連合会（民放労連）が結成された。

開局直後から黒字となった大都市の放送局もある一方で、経営不振を理由として労働条件の引き上げを拒むだけでなく、解雇を断行する局もあった。経営の見通しへの不安、新聞社からの天下り人事や長時間労働への不満などが募る状況下、ストライキで経営側と闘う組合が出てくる。

1955年にラジオ高知と文化放送、翌56年にはラジオ中国の労組が長時間のストライキを打った。放送労働者がストライキをすれば、放送は維持できない。聴取者、スポンサーへの影響だけでなく、行政からの介入も起きかねない。経営側は、放送現場労働者のストライキによって放送が止まる影響の深刻さを意識する。

テレビ放送はラジオの数倍以上の人員を要するため、テレビ開局によって民放の労働者は大量に増えた。しかし、それぞれの局は職場に十分な働き手を確保して開局したわけではなく、照明や音響などのスタジオ設備も不十分な職場が多かった。番組スタッフは、熱意をもって番組制作に携わる日々にやりがいを感じてはいたが、制作現場の労働実態は過酷だった。

「準社員、社員見習、雇員、嘱託、臨時などおよそ考えつくかぎりの呼称による身分差別がラジオ時代から引き継がれ、また番組制作部門の別会社として関連映画社も発足していた。そしてテレビの開局は、ラジオ時代のそれにも増して過酷な労働が、日夜を問わず、あたりまえのように行われていた」（民放労連・民放労働運動史編纂委員会 1988b：68-69）。

1959年にテレビは広告費収入でラジオを上回り、ラジオに対する優位性が確立した。ラジオ東京が東京放送TBSに変わるなど、ラジオとテレビの兼営局の社名変更が続く。一方、1960年代にかけては、軍事基地反対、60年安保闘争など、反権力、反資本という労働者意識の高揚した時期でもあり、全国で組合設立が続いた。番組にもそうした問題意識を反映した社会派作品が登場する。

1961年、民放労連は「たたかう組織」であると自任し、傘下の各組合は年末一時金獲得などを目指す年末闘争を行った。会社側の回答を不満とした停波ストライキはキー局・準キー局含めて14組合、停波は合計で612時間40分に及んだ。ストライキにより、嘱託、アルバイト、臨時雇いなどの社員化を実現させた組合もあった。

特に関西の組合が激しく闘った。朝日放送、大阪放送では組合のピケで非組合員による放送ができなくなった。朝日放送は「再び放送が可能になるまで放送は中止する」と臨時放送をし、ラジオ・テレビ共に3日間放送を中止、大阪放送も放送を中止した。翌62年3～4月にかけても北海道放送、テレビ西日本など民放各社でストが続いた。

テレビ草創期から長期にわたり『てなもんや三度笠』『新婚さんいらっしゃい』など数多くの人気番組を演出・制作しただけでなく、後進の育成や番組制作会社の地位や立場の向上を図り、テレビ業界に貢献したことから「テレビ業界のレジェンド」と呼ばれる澤田隆治氏がラジオからテレビへの移行、ストライキについて語っている。

澤田氏が大学卒業後に就職したのは全盛期のラジオ局であった。テレビ放送をスタートしたばかりの放送局は、優秀なラジオ番組制作者をテレビに投入し、テレビ番組をつくれる人材の育成を急いだ。澤田氏も本意ではなかったがラジオからテレビに異動となる。

その後テレビは急成長し、ラジオを追い越していく。人気番組を次々と企画・制作する澤田氏も一介の労働組合員であった。しかし、自らはスト破りだったという。

僕らスト破りなんすよ。『てなもんや』〔『てなもんや三度笠』〕にストかけられたら、こっち困るやないすか。後で知らん顔やから、組合は。僕、「『てなもんや』かけるな」言うて、もう何回もそれでもめて。僕も組合員ですからね、一応。だからかけられなかったらいいわけでしょ。戦略的に組合の本部のほうは「『てなもんや』にかけろ」って言ってくるんですよ。『てなもんや』かけられたら、二度とできないじゃないすか、ゲストとか。朝日放送の看板なんで。会社守ってくれへんしね、それ。もう朝日放送、停波したぐらいやからね。すごかったです。シャー、シャー〔画面が映らず、シャーという音のみが流れたという表現〕って。朝日放送、シャー。つまり立てこもったんですよ。結局、CMの素材がなくて、窓から上げて。組合が封鎖したんです。それでサブ〔副調整室〕を占拠したら降参したんですよ。停波したんですよ。いや、もう、それ懲りたんですよ。本当あのときは、もう血みどろの戦いやったからね。柔道とかラグビーの選手の課長クラスが、もう投げ飛ばしたり、骨折したとか。〔中略〕社員同士が、もうすごいことなったんですよ。『てなもんや』高視聴率やから、組合は〔スト〕かけたいわけですよ。こっちかけられたら、二度とできないから。かけるなっていうんで、もう、そのせめぎ合いで。いや、あの辺の話は社史にも載ってないし。

放送局での労使対立の激化が招く事態に、郵政大臣は民放事業への介入を図る。民放経営者団体である日本民間放送連盟（民放連）は強く反発、新聞社も言論統制につながるとして反対し、1966年国会に提出された放送法改正案は、結局審議未了で廃案となった。この法案には民放について事業免許の導入、放送事業への直接管轄が書き込まれていた（鈴木・山田 2017：41–42）。

3　番組制作会社の誕生――安定的番組供給と経営合理化を背景に

1969年末にテレビ受信契約数は2188万、普及率90％を超える。昼の主婦向け情報ワイド番組が定着し、深夜放送番組も増えた。各局は試験放送を経たカラー放送番組を充実させる膨大な経費、また各地に開局するUHF局に向けた支援資金の投入などで経営を圧迫されており、合理化を迫られていた。

当時の日本社会では、大学紛争、成田空港建設反対運動など「反体制」的態度が若者世代に支持され、アングラ、ヒッピーといった文化が人気を得ていた。子ども時代からテレビを見て育ち、新たなテレビ表現を目指して就職を希望する学生が育ち、テレビ局側にも既存の番組を打破する新しい企画力や表現力をもった人材を確保する必要があった。

そうした状況下で各社は番組制作の外部化を推進させる。当然ながらストライキ対策も外部化の重要な要因だった。制作会社誕生の背景について澤田氏はこう語る。

〔朝日放送でのストの際の〕そういう経験があるからね。テレビの労働者って、どういうもんかって、僕なんて骨身に染みてるわけ。番組つくるってことはどういうことかと。ストライキどうするかとか、会社と話し合うのどうするか。労働組合とどうするか。全部、わかってるから、それわかったうえで、プロダクションつくるってのはね、そういうこととまったく縁のないものをつくらないと、労働者をつくらないと、仕事来ないじゃないすか。〔つまり制作会社をつくろうとしたのは〕スト破りですよ。スト破り集団ですよ。それがレベル低かったら、仕事来ないじゃないすか。

ストライキとなると、番組制作に携われるのは非組合員に限られる。だが管理職やアルバイトだけで番組を制作し、送出する（オンエア）のは難しく、というよりほぼ不可能だった。

非組合員の「つくり手」を求める放送局

社員の組合組織率が高く、労使対立が激しい状況にあって、放送局側にはストライキに備えるために、番組制作能力の高い放送局員以外の「つくり手」を求めるニーズがあった。東京で発足した制作会社テレパック（後述）が大阪でも会社を興そうとしている話が聞こえてきて、松竹芸能社長が在阪局に声をかけ、とりまとめて設立したのが、制作会社ビデオワーク（在阪各局出資）である。当時のタレントは局契約をしており、松竹芸能は演芸の興行で力をもち、多くのタレントを抱えていた。澤田氏は朝日放送からビデオワークに出向し、のちに東京に支社もつくって放送局や系列の枠にとらわれない形で数多くの番組を制作した。

一方、東京ではＴＢＳ（東京放送）が番組制作の外部化の先駆けとして、松竹映画監督だった木下恵介と広告代理店博報堂との共同出資で木下恵介プロダクションを設立、同プロダクションは『木下恵介劇場』『木下恵介アワー』など連続ドラマや単発ドラマを数多く制作した（のちドリマックス・テレビジョン、２０１９年ＴＢＳスパークルに吸収合併）。さらにＴＢＳ、電通、渡辺プロダクションの共同出資で、テレパックが設立される。こちらはスタジオドラマ中心で、70年代に『ありがとう』『肝っ玉かあさん』など人気作品を制作した。

これら2社と同時期に設立され、ＴＢＳに関連した初期のプロダクションとして注目されたのがテレビマンユニオンである。(2)

テレビマンユニオン設立事情

１９６８年に成田空港建設反対運動（三里塚闘争）の取材時に反対派を取材車に同乗させたとして、ＴＢＳは自民党議員などからの強い非難・抗議を受け、結果的にディレクターら報道局の関係者に処分が下された。同時期に『ニュースコープ』のキャスター・田英夫の番組降板が重なった。これに対し、降板の取りやめ、処分撤回を求め、組合は１００日近い闘争を組み、ストライキを繰り返した。しかし、報道局のなかでは「これ以上闘争を続ければ会社側に報道局をつぶして子会社に移す口実を与えることになる。報道局を守ろう」という声が上がり、ストは終息した（新井 １９７９：２６３）。結局、一部の処分が撤回されただけで、大量配転と大幅な機構改革がなされ、テレビ報道部は解体された（新井 １９７９：２６５-２６６）。

こうした経緯のなかで、渦中にいた報道部門のディレクターをはじめとするTBS社員13名が退社し、社外のメンバー12名を加え25名で1970年に設立されたのがテレビマンユニオンである（重延 2013：21）。

テレビマンユニオン設立にあたっては、TBS、東通[3]からの出資があった。初期のオフィスはTBS局内の一室で、TBSによってスタート時点で2番組の制作が保証された。経理担当者を配し、自由に使えるテレビ中継車も1台提供するなど、ディレクター中心グループへのTBSの支援策は手厚かった。

重延浩氏は、テレビマンユニオン設立当時を振り返る。

〈テレビマンユニオンとして〉独立するっていうことに関しては、基本的には放送局は反対するだろうという考えが普通あるわけですよね、多少。そのときにベトナム戦争のときの報道、田英夫さんの報道を含めたことに関してのものの考え方、報道ジャーナリストの考え方で田英夫さんがキャスターを降ろされるという、事件があったと思うけど、それに対して違和感をもつ人たちが今はもっと別の方向で考えるべきだという発言をし、その発言に対して会社側から厳しい措置を人事的にとられたっていうことが具体的な始まりで、これはテレビマンユニオン関係の本のなかには必ず書いてあるっていうこと。そのあたりのなかでは、放送局から独立する、自分たちの制作プロダクションをつくろうという考えまではあって。でも、これは相当難しいことだと。会社は大反対するだろうという気持ちも反面ありながら、でも「辞めるよ」、という発言をしてた。

ところが会社側の対応は予想とはまったく違っていた。ディレクターらの独立を歓迎し、支援したのだ。

当時、諏訪博さんがＴＢＳの社長だったわけですね。意外な発想をしてきまして。というのは、たまたま、これは諏訪さんは海外に行ってニューヨーク中心にテレビ事情というのを調べたんですね。そうして調べてみると、海外は当時ちょうどプロダクションっていうものができ始めていてハリウッド中心にあったりしたんですけども。そういう形のプロダクションに発注するっていう形があるんだということに気がついたそうですね。

テレビマンユニオンの設立メンバーの中心には、組合による長期にわたる「ＴＢＳ闘争」の渦中となったディレクターたちがいた。組合の反発は必至である。ＴＢＳ経営側は、木下恵介プロ、テレパック、テレビマンユニオン、この三つの番組制作会社を同時に発足させる戦略で労働組合からの反発を回避しようとしたという。

一つだけじゃ大変な動きになっていると。労働組合が強かったですからね。反対に遭うだろうから、ついでに二つつくろうじゃないかと。ドラマを中心としたテレパック、それから木下恵介さんはいろんな関係があったんでしょうね。映画監督側の木下恵介。これ三つつくれば、いわゆる分散してものを考えられるから、いろんな大きな騒動にしにくいだろう。それから労働組合もたぶん、動かずに、

それに反対しにくいような形だろうという思いがあったっていうか、生まれたんだそうです。

世の中が思うより以上の協力をTBS側がしてきたんですね、経営陣が。一番反対したのが実は労働組合、テレビマンユニオンが独立することに。俺たちもそういう目に遭うからというの、気がついたわけですね。とんでもないことだという反対で、むしろ労働組合の反対ということを受けながら独立をするという不思議な成立の仕方で。テレビマンユニオンは自分たちの株だけでやろうと思ってたんですけども、なぜか非常に優遇した対応をTBSもしてきてという形になりました。（中略）

5年間分の給料に相当するような金額を一応出資してくれたんですね。そのとき14名[4]が社員でしたから、14名の5年間分の給料に相当するような金額を最初に協力してくれて、なおかつ、これはとても大きなことだったんですが、中継車1台を使いたいように使っていいという。しかも無料でということはこちらの想像を超えた協力だったんですよ。

1968年のパリ五月革命をはじめ、この時期に世界各地で学生による「反乱」が起きていた。経済至上主義への反発、独立と自由、といった価値観が若者を中心に支持を得ていた。このような時代に設立されたテレビマンユニオンは、テレビ局の内部にいるよりも、独立することでより自由な番組づくりをしたいというクリエイター志向と、制作部門を切り離し放送事業としてのテレビ局を構想する経営者との利害が合致したものであった（重延 2013：21）。当然ながら組合は外部制作に反対した。

こうした面は、プロダクションといった呼称ではなく、「ユニオン」という新鮮なネーミングや「直接民主主義」による経営形態、斬新な番組づくりをしてきたディレクターたちのイメージ、そして「成田闘争」取材をめぐる処分撤回を求める組合ストライキを契機にした独立という流れだけから見ると、とらえきれないだろう。

むしろアメリカ型の展開だったと、後からは言えると思います。TBSの出資を受け、なおかつ退職金はちゃんと出してくれて、それを資本金のなかに組み入れてったわけです。（中略）だから1億にちょっと欠けてたところで出発してるんですね。それだけの規模でスタートしてるけど、TBSは協力的であった、と。おまえたちがそういう発想ばっかりだけど、経理は見れないだろうと思って、経理を見てくれる人をわざわざ付けてくれて、別にそれ何か支配するという形ではまったくなく、心配で見ておられん、と。おまえたちの経営だったら5年間でつぶれるだろうというところで面倒見てくれたという不思議な出発点。それは制作分離っていう一つの形を考え始めたということでした、放送局が。

「テレビとは何者かを大衆につきつけた制作集団の存在」（吉岡 2008）は、放送史、番組制作史から見れば、間接的とはいえ、それ以降、番組制作における局の圧倒的支配、制作部門の下請化、労働運動の低迷につながっていった。皮肉な歴史的現実だと言えよう。

合理化を志向するテレビ局

テレビマンユニオンより1年遅れて、日本テレビで優れたドキュメンタリーを生み出してきた牛山純一を中心とした日本テレビのスタッフ8名が、日本テレビの出資を得て、日本映像記録センターを設立した（伊豫田ほか 1998：72）。牛山は制作したドキュメンタリーの放送中止を経験し、放送局員として番組をつくることに限界を覚えていた。日本映像記録センターもテレビマンユニオンと同様に、ディレクター、プロデューサー中心の制作集団であるが、幅広い教養・娯楽番組をつくる後者とは異なり、ドキュメンタリーを主軸に据えた会社である。

一方、設立事情の異なるタイプの会社も設立された。キー局のなかで労働組合結成がもっとも遅く、1966年であったフジテレビは、1971年4月に制作局を廃止、『小川宏ショー』などスタジオ生放送番組を除くドラマ・芸能番組の制作を関連の制作会社に移管した。約150人の社員は制作会社に出向や退社して転属した（1980年に制作局は復活）。またNET（現テレビ朝日）も同年11月に報道部門を切り離し、制作会社として新設したNET朝日制作に移した。

このように、70年代初めに、クリエイター志向の制作者によるいわゆる「独立系」と、合理化を目指し制作を外部化する「放送局系」に類別される、設立目的やメンバーを異にする制作会社が次々と生まれていった。

澤田氏は、やや露悪的に制作会社を「スト破り」と表現しているが、自分が心血を注いでつくる番組の放送を阻止することが、社員がよりよい労働条件を勝ち取るための手段になる、という点に「つくり手」

としての矛盾を感じ、葛藤を抱えていた。テレビ局という職場の組合運動のなかでも、クリエイターとしてのアイデンティティがより強いディレクターたちと、労働者意識を強くもつ人たちの間に乖離が生じた時期でもあっただろう。再度澤田氏の言葉を引こう。

もう、そのうちに組合問題はね。そんな激しくなくなってきたから、助かったけど。あれ、あのままずっといってたら、どうなってたかね？　僕なんかもう暗殺されてたかもわからへん。あいつが悪いんだってことになるから、僕は。そういうタイミングがね、もうストライキ、あんまりやらなくなってきたから。

高度経済成長とともに急拡大した放送産業の内側では、激しい労使対立を抱えつつ各放送局の仕事は分化し、同じ従業員という立場であっても携わる仕事によって労働者意識とクリエイター意識といったアイデンティティに変容や亀裂が生じていた。60〜70年代の政治の時代には、表現の場としてのテレビにその可能性を探求するクリエイター意識の強い人にとって、表現活動に制約が目立つテレビ局の従業員（正社員）であることがむしろ桎梏となった。一方テレビ局は成長を図り、コスト削減につながる番組制作部門の外部化を志向した。このときクリエイターと経営陣の利害が一致したのだった。こうして誕生した制作会社とテレビ局の関係はその後どう変化したか、次節で見ていく。

〔注〕

（1）映画業界は当初新しい映像メディアであるテレビに対抗する姿勢をとった。「五社協定」を結んで映画の提供を拒否、また自社専属の俳優のテレビ出演を禁じた。テレビ局が自前の番組制作に苦労するかたわら、ニュース映画や、教育・産業などの短編映画の制作をする映画系の映像プロダクション、テレビ局ないしテレビ番組を技術面からサポートをするためのテレビ局系のプロダクションが生まれていった（浅利 2007：22－23）。

（2）「TBSからの出資により、TBS関連会社としてテレパック、木下恵介《ママ》プロダクションが同時期に設立される。この二社にはTBS社員も出向した。テレビマンユニオンは、TBSから独立したスタッフで結成されたので、日本最初の独立製作会社と謳われる」（重延 2013：21）。

（3）前身は「東京通信機工事株式会社」、1964年に名称変更。照明、音声技術、テレビ中継車など技術面を担う。

（4）前記のようにTBSを退社してテレビマンユニオンの設立に参加したのは13名である。重延氏がここで社員14名と述べているのは、TBSが「経理を見てくれる人をわざわざ付け」てくれた1名を含むと推測される。

〔参考文献〕

浅利光昭 2007「総務省『通信関連業実態調査（放送番組制作業）』から見た番組プロダクションの現状と課題」『AURA』181号：22－29

新井和子 1979『わたしの民間放送史――出会いを求めて』評論社

伊豫田康弘・上滝徹也・田村穣生・野田慶人・八木信忠・煤孫勇夫 1998『テレビ史ハンドブック――読むテレビあるいはデータで読むテレビ 改訂増補版』自由国民社

近藤晋 1985『プロデューサーの旅路――テレビドラマの昨日・今日・明日』朝日新聞社

重延浩 2013『テレビジョンは状況である――劇的テレビマンユニオン史』岩波書店

鈴木秀美・山田健太編 2017『放送制度概論――新・放送法を読みとく』商事法務

民放労連・民放労働運動史編纂委員会 1988a『民放労働運動の歴史Ⅰ』日本民間放送労働組合連合会

民放労連・民放労働運動史編纂委員会 1988b『民放労働運動の歴史Ⅱ』日本民間放送労働組合連合会

民放労連・民放労働運動史編纂委員会 1990『民放労働運動の歴史Ⅲ』日本民間放送労働組合連合会

吉岡忍 2008「解説」萩元晴彦・村木良彦・今野勉『お前はただの現在にすぎない――テレビになにが可能か』朝日文庫

（国広陽子）

1-2　制作会社の展開
――デジタル技術革新と視聴率至上主義、規制緩和のその先に

70年代に発足した独立系のテレビ制作会社群は、テレビ業界では「第一世代」の制作会社と呼ばれている。

「第一世代」に続く「第二世代」はテレビ局から移籍したのではなく、第一世代の会社でキャリアを積んだ制作会社プロパーたちが独立し、70年代以降に設立された制作会社群である。70年代は、テレビメディアにとって技術的にも発展期であった。フィルムからビデオ使用への変換とＥＮＧ*の登場は、テレビ制作に画期的な変化をもたらした。他方で、制作手段のダウンサイジングは制作会社の独立を容易にした。テレビ局だけではなく、制作会社にも番組の企画や制作のノウハウが蓄積されてきたからである。制作会社は以降、核分裂を繰り返しながら増加し続けた(1)。そして、分業体制を作り上げ、得意とする番組ジャンルごとに枝分かれしていった（浅利 2007）。

本節では、80年代以降におけるテレビ制作の現場に大きく影響したと思われる（1）放送衛星や通信衛

*ＥＮＧ（Electric news gathering）：番組素材となる映像・音声を収集するシステムのことで、現場の映像・音声を電子媒体に記録できるようになった。現在では、ロケ取材クルーを指す。

星の登場によって実現した「多メディア」「多チャンネル」などデジタル科学技術の発展と「放送と通信の融合」といった「放送」をめぐる大きな環境の変化（デジタル技術革新と「放送と通信の融合」をめぐって）、（2）テレビ局の内部で進行した「番組制作」をめぐる体制の変化（「編成主導体制」のもとでの制作現場と「視聴率至上主義」のまん延）と、（3）「労働者」への規制緩和の影響（景気の低迷と「労働市場」の規制緩和）について整理していく。そして、（4）上記三つの要因がテレビ制作の現場にもたらしたものは何か、そしてこれらの変化を受けた制作会社の展開について（テレビ業界再編のうねりのなかで）述べることにしたい。

1 デジタル技術革新と「放送と通信の融合」をめぐって

――「ニューメディア時代」と〝多チャンネル〟への夢

まずは、放送をめぐる科学技術の革新が放送産業にもたらした影響を見ていこう。80年代は人工衛星を利用した衛星放送が登場する「ニューメディア時代」と呼ばれた。それは、業界への「新規参入」と「情報源（サービス）の多様化への促進」が盛んに喧伝された「情報産業の発展」への期待に満ち満ちた時代であった。

1984年にはNHKが世界に先駆けて放送衛星を用いたBS放送を開始、89年にはBS1、BS2の2チャンネル体制をとり、衛星放送は本放送に移行した（笹田 2017：43）。NHKのBSと並行するように、民間企業の通信衛星を通じてケーブルテレビに番組を供給する通信と有線放送が連携したスペース・

ケーブルネットも始まり、ケーブルテレビの多チャンネル化も進展した。

放送におけるハード・ソフト分離が議論されるようになったのも80年代からだが、「新規参入」と「情報源（サービス）の多様化の促進」という考え方は、以降、ハード・ソフト分離議論のなかで、たびたび持ち出されるキーワードとなった（笹田 2017：44）。

「多メディア・多チャンネル」は、放送コンテンツ需要の増大を意味することとなり、この時期の放送産業は「成長産業」として活況を呈した。

80年代のテレビ業界の特徴としては、制作会社の急激な増加と多様化があげられる。企画から制作のすべてを担う総合制作会社ではなく、番組の企画立案や番組構成、内容調査など「プリプロダクション業務」についての専門番組制作会社が登場するようになり、その数も増加していく（浅利 2007）。制作工程において専門性に特化させた分業も可能になった。

また1982年には、フィルム系13社とビデオ系8社の制作会社によるATP（全日本テレビ番組製作社連盟）が発足している。ATPは独立した映像コンテンツ製作事業社の連盟として放送文化の発展と国民の文化的生活の向上に寄与することを目的とした団体であり、クライアントであるテレビ局との団体交渉を担う。(2)

衛星放送が始まり、世界のニュースが通信衛星を使った衛星中継で結ばれ、CNNやBBCも24時間ニュースの世界配信を始めた。この時期、衛星放送はまさに「ニューメディア」として激動する国際社会を映し、激動する時代に育てられ、爆発的に普及していった（座間味 2005）。必然的な結果として、テレビは80年代後半から「報道の時代」に突入していく。

1985年開始のテレビ朝日の大型報道番組『ニュースステーション』では、制作会社である「オフィス・トゥー・ワン」（タレントのマネジメントも業務）が主体となって番組制作にあたり、番組を成功に導いた。局主導の傾向が強い報道番組に制作会社を本格的に参入させるのは異例であった。編成と営業主導（電通買い切り枠）で、視聴者ニーズに応えようとした同番組の成功は、テレビにおける報道番組編成を変えるとともに、制作会社がテレビ業界にとってなくてはならない存在であることを知らしめることとなった（日本民間放送連盟編 2001：125）。

また、1987年には民放（地上波）が24時間編成に突入する。放送時間開始は早朝に、そして終了時間はさらに深夜まで延長され、開拓可能な時間帯をすべて使いつくし、番組の数は増え続けた。テレビ業界もまた〝バブル〟に踊ったのであった。

バブル時代の制作費について、現在60代のベテラン・ディレクターひろゆきさんは、次のように振り返っている。ひろゆきさんは、在京キー局の系列制作会社に長く勤め、定年退職後、フリーランスとして活動している。

1200万のところが3000万になったけど、おまえが総合演出2本やってくれればチャラにしてやるっていう。バブルの時代だから（制作費が）1200万って言って3000万使っちゃっても、よかった。成功させたいという思いがあるから、それなりの期間をかけて、お金もかけていいものをつ

――くるっていう環境になったから、それはバブルの時代の報道番組だから、相当無駄が出ても大丈夫だったっていうこともあるし。

「バブルの時代の報道番組」という括りがあるにせよ、制作費も「どんぶり勘定」で、「それなりに期間」も「お金」もかけてテレビ番組を制作することが可能であったことがうかがえる。制作会社のディレクターにまかされる権限も大きかった。「相当無駄が出ても大丈夫」などということは現在ではありえない。テレビディレクターという職業は、面白く刺激的で、なおかつ実入りもよい仕事であったと言えよう。

「デジタル化」の90年代――多チャンネル化の進展と「放送産業」への新規参入

90年代に入ると、マルチメディアと放送のデジタル化がクローズアップされるようになった。1995年には「ウィンドウズ95」が発売され、社会全体としてもデジタル化が本格化する。

「放送」という制度をめぐって新たにクローズアップされてきたのは、「放送を産業面からとらえる志向」（笹田 2017：46-48）である。浜田純一は80年代の終わり頃が放送における秩序の問題が包括的に論じられる最後の時期であったと指摘しており、その後、「放送をめぐる議論の枠組みは『放送制度』や『放送秩序』よりむしろ、『放送市場』『放送産業』、あるいは『放送』一般へと向かう」（浜田 1999）のであった。笹田佳宏は「放送番組が流通商品であるかのように、『ソフト』と呼ばれるようになったことに象徴されるように、放送を社会的・文化的役割でとらえる視点の相対的な衰退も同時に現わしているのではないか」(笹田 2017：47)と述べている。

1989年に放送法が改正され、ハード・ソフト分離型の受託・委託放送制度のCS放送が1992年から開始された。この改正はソフト事業者の経済的負担を軽減し、新規参入と多チャンネル化を促進する政策である。受託・委託制度の導入は、これ以降の日本の放送制度におけるターニングポイントであった。同92年にはWOWOW有料放送が開始、90年代後半にはCSデジタル「パーフェクTV!」70チャンネル、また、「パーフェクTV!」「JスカイB」が合併し「スカイパーフェクTV!」171チャンネルとなり、多チャンネル化が一気に進んだ。

バブル経済の崩壊後、90年代の日本経済の低迷は続いたが、だからこそ、90年代後半からは「マルチメディア」と「デジタル化」を追い風にして、日本経済の活性化の起爆剤になるようにと「情報通信産業」が注目を集めたのであった。

既存の地上波テレビ制作現場は、広告費の減収と「視聴率」という数字に翻弄され、疲弊しつつあったが、他業界からは「映像コンテンツ」制作はビジネスチャンスと目されていた。従来の番組制作会社の多くが「テレビ業界」出身者による設立だったのに対し、商社・メーカー、ゲームソフトハウスなど異業種からの参入組が増加し、まさに「制作会社は成熟化の時代の百花繚乱」の状態を迎えることになる(浅利 2007)。

90年代の多チャンネル化は、テレビ業界内における熾烈な競争と制作現場への締め付けとは裏腹に、「映像コンテンツ」という商品を扱う制作会社の拡大という結果を生んだ。

「多チャンネル化」「マルチメディア」や「デジタル化」という惹句によって、ソフトコンテンツという「商品」は、他業種から見れば魅力的なものであった。

制作会社は発注先の増加を目論んで独立と分裂を繰り返し、加えて他業種からの参入も相次ぎ、その数は膨れ上がる一方であった。

2000年代――地上デジタル化の光と影

2000年代の放送における技術面のもっとも大きな変化は、地上波放送のデジタル化である。BSデジタル放送の本格化は2000年で、地上波放送のデジタル化をめぐってはそのインパクトの大きさから「放送ビッグバン」と言われ、経済界の注目を浴びた。

2003年には、東京・大阪・名古屋で地上デジタル放送が開始され、デジタル技術とブロードバンドの進展で伝送設備の共通化が進み、「IT革命」「通信と放送の融合」という言葉が政府機関や経済団体の報告書で盛んに強調されるようになった（笹田 2017：48-49）。

聖域なき構造改革を掲げた小泉内閣のもと、総務大臣に就任したのは竹中平蔵である。ここで企図されたのは自由化による経済振興であって、世界に伍する強いメディア企業の育成が目論まれた。本格的なデジタルネットワーク時代の到来にあって、「通信」はまさに「金のなる木」と目されていたのだ。

「通信」と「放送」の完全なる一体化によって、業界再編成による産業振興が期待されたが、抜本的な改革（NHKとNTTの解体的抜本改革）がなされることはなく、「通信」と「放送」の融合は、結果的には政権交代の狭間で政治的な決着を見たとされている（山田 2017：2-7）。

だが、デジタル化の波は番組というコンテンツの制作業界にIT事業者を参入させることになり、それぞれの会社もまた「テレビスタジオレンタル業や、海外からの番組買い付け・翻訳などさまざまな番組制作に関与する」制作会社が存在するといった多様な業態となり、制作物も「テレビCM、映画、出版などクロスメディア的映像コンテンツが顕著に」なった（浅利 2007）。

テレビの地上デジタル化とは、多様なメディアサービスと新たなビジネスチャンスが企図された政策的課題であった（音 2005）。2011年7月24日をもってテレビのアナログ放送は終了、地上デジタル放送への完全移行がなされた。地上デジタル化は、デジタル化のための設備投資による経営基盤の弱体化問題を抱える地方民放局が出現する影の部分を招いた。そして、経営危機に陥った地方民放局の救済のために2007年の改正放送法で「認定持株会社制度」が導入された。だが「認定持株会社制度」は、そもそも東京一極集中傾向の強い日本のテレビ産業の「多角的経営を図るため」の制度として運用される結果となり（岩崎 2017：20-21）、制作会社をもその傘下に組み込んだ放送産業の新たな再編成を招いたのであった。

2 「編成主導体制」の制作現場と「視聴率至上主義」のまん延

——「編成主導体制」の登場

次は、テレビ局の制作現場をめぐる変化について見ていこう。

テレビ局の「制作」現場における内部的変化の特徴として、80年代に入ってから「編成主導体制」が登場してきたことに注目したい。この体制は、放送産業、とりわけ民間放送事業者が「視聴率至上主義」すなわち商業主義へと舵を切る決定的な仕組みとして機能してきた。

「編成主導体制」とは私たち視聴者にとっては聞きなれない言葉だが、従来の「送り手研究」に「つくり手」の視座を導入した松井英光（２０２０）によれば、この「編成主導体制」がテレビ局の組織内部でじわじわと進行していくことで、制作現場におけるプロデューサーやディレクターの「自律性」を損ない、結果として番組の多様性の低下を招いているという。

今や、テレビ局において番組存続の決定権を握っているのはこの「編成」部である。「編成」とは番組のタイムテーブルを決定する司令塔的な部署だが、テレビ局の組織構造は80年代以降、徐々に制作局が編成局に吸収される組織体制へと移行した。「視聴率至上主義」とも言うべき「視聴率を獲得すること」をすべての判断基準とする「編成」がテレビ局内で異常に力をもつ組織体制のことを、テレビ業界内では「編成主導体制」と呼び、「テレビ局内部でも現状を批判的に語る際のキーワード」となった。だが、それは「重要なテレビメディアを動かしているシステム」である一方で「現行体制の否定になるため、局内で声高に語られることはない」（松井 ２０２０：17）とされる。

「編成主導体制」は、「視聴率至上主義」とセットで理解されるべき現在のテレビ制作を説明する2大キーワードである。「編成主導」は80年代以降、テレビ制作現場の「通奏低音」となり、続く90年代には制作の「自律」を著しく阻害していくことになる。

80年代に「編成主導体制」の先鞭をつけたのはフジテレビであった。その「初期編成主導型モデル」は、制作部門を編成部門に統合した「大編成局」を創設し、機能性の高い中央集権的な番組制作体制を形成するものであった。この時期のフジテレビでは、編成サイドがグランドデザインの提示はするが、個々の番組の制作に関しては「つくり手」(プロデューサー・ディレクター)の「自律性」は確保されていたという(松井2020:214-257)。

80年代にフジテレビによって導入された「編成主導」はそれまで停滞していた制作現場を復興させたシステムだったが、90年代になって、そのシステムは、後述するように日本テレビによってやや姿を変えられ、視聴率という数字を取ることで成功を見る。そして、この体制はすべてのテレビ局に取り入れられながら、テレビ制作の現場を徐々に蝕む病となってゆく。

「視聴率」に翻弄されていく現場——ミクロな編成と制作技法の変化

民間放送事業者にとって、視聴率の数値はダイレクトに収入に結び付く。広告収入にはタイムセールス*とスポットセールス*があり、広告収入の多くを占めるスポットセールスは視聴率によって料金が決まる仕組みである。テレビ局にとって視聴率はイコール収入なのである。

90年代における視聴率競争の覇者は、80年代のフジテレビから日本テレビに代わった。

日本テレビは80年代におけるフジテレビの組織改革を模倣し、90年代に入ってから制作の体制を「編成主導体制」に移行させ、視聴率獲得に特化した「編成主導」の「中央集権的」「官僚的」な体制を構築した。

この日本テレビの体制は、80年代におけるフジテレビの「編成主導」とは違い、マーケティング理論に基づく手法を取り入れた個々の番組の「視聴率」評価に特化した、いわば「ミクロな編成」（1秒ごとのマーケティング）であった。

そして、日本テレビが「ミクロな編成」とともに先駆けた制作技法もまた、業界中に伝播していった（松井 2020：260-311）。

大阪の制作会社代表で、80年代からテレビ制作に携わり、その移り変わりを見つめてきた60代のひであきさんは、大阪と東京の制作手法の比較において、次のように振り返っている。

日テレさんが始めはりましたけどね、スーパー*をあれだけ細かく入れてやるっていう部分ですよね。大阪もそうせざるをえんから、大阪もし始めましたけど、コメント・フォローのようなスーパーが、ずっと入っていますから。

ベテラン・ディレクターのひろゆきさんも、90年代における制作技法の変化を振り返り、「テロップ*と

*タイムセールス：個別の番組を提供する広告のこと。セールス単位は30秒から。
*スポットセールス：番組に関係なく挿入される広告のこと。セールス単位は15秒から。
*スーパーインポーズ：映画などで画面に字幕を重ねること。現在ではコンピュータによるスーパーインポーズ機能を使って、画や写真、文字を表示すること。

いうのもたくさん入れるようになったのが90年代ですね」と語っている。

バラエティだとかの番組のほうが、何時またぎのときにはこういうことやって、こうやって、視聴者を引き付けてとかっていう細かい秒の演出を計算ずくでやり、構成作家がいて、その戦略のもとにいったい数字はどう動いたかっていうことは毎回やってくっていうことを、報道番組でもワイドショー番組でもやるようになってくる。横での争い、他の番組を分析し、どこでコマーシャル入れていたかな。もうちょっとうちは遅らせようとか、もっと早くしようとかっていう、くだらないCMの位置を考えてみたりとか。（ひろゆきさん）

ち密なマーケティング戦略で「CMまたぎ」*や「フライングスタート」*「超高速スタッフロール」*やテレビ画面をテロップだらけにした「コメントフォローテロップ」*、またゲーム世代を意識した効果音の多用などといった新たな手法が続々と開発され、定着してゆく（松井 2020：266-268）。これらはザッピング*が当然の視聴形態となった視聴者目線に立ったものだそうだが、番組制作における編集作業を著しく増加させ、作業の長時間化を招く結果となった。そして、視聴率を取るための「細かい」「秒単位の」「くだらない」制作技法のスタンダード化は、制作者たちへ重い負担としてのしかかっていく。

「超編成主導体制」の制作現場

フジテレビによって導入され、日本テレビによって視聴率獲得に特化した形に姿を変えた「編成主導体制」は、近年ますます強化されつつある。テレビプロデューサーの澤田隆治氏も、テレビ制作現場の「編成主導体制」に対して繰り返し警告を発していた。

局は自分のところの直系のプロダクション〈制作会社〉あるじゃない。そこへ全部、出しているから。「編成主導型」に変わったじゃない、ここ数年前から。編成がどこへ発注するかって、権限、もっているからね。

澤田氏の証言は、テレビ局内において「どのような番組を制作するか」の舵取りの「場」における「編成」と「制作」の力関係の変化を物語っている。今や、どの制作会社に発注するかを決めるのは「視聴率

＊テロップ：Television Opaque Projectorを略したもの。テレビ画面に文字を入れる機材の商品名。現在はコンピュータで文字を入れている。
＊CMまたぎ：CMの間に他のチャンネルに変えられないようにするテクニックで、クライマックスでCMを入れる手法。
＊フライングスタート：他局よりほんの数分開始時間をフライングする編成のこと。
＊超高速スタッフロール：若年層向きの番組は超高速スピードのエンディングロールが流れる。
＊コメントフォローテロップ：音声をわざわざ文字化してテロップでも見せること。
＊ザッピング：リモコンで頻繁にチャンネルを切り替えて視聴すること。

の数字がすべて」の「編成部」なのだ。

松井（2020）は「編成主導体制」は2010年以降、編成部門が以前より強力な決定権をもつ「超編成主導型モデル」となってきており、民放キー局がそろってこの体制になってきていると述べている。その結果、編成主導による「最大公約数」的な企画やキャスティングが横行し、多様性に欠けた番組編成状況となり、若年層を中心とした「テレビ離れ」が拡大するなかで全体的に「視聴率」の低下も進行していくというスパイラルに陥り、制作の現場をめぐる状況はより閉塞感の強いものになっている（松井 2020：354-368）。

一方、視聴率については、テレビ視聴のスタイルの変化により2016年に「タイムシフト視聴率*」と「総合視聴率*」が導入された。次いで2018年には「個人全体視聴率（P）*」と「タイムシフト視聴率（C7）」を加えたP+C7が営業的指標へと変化している。背景にはテレビ番組視聴のあり方がドラスティックに変化していることが反映されている。

「数字を取るタレント」や「数字を取る企画」を並べ、瞬間の数字を取ることに一喜一憂する「視聴率至上主義」は、テレビ制作の現場を疲弊させてきた。しかし、この視聴率偏重への問い直しはまだ始まったばかりである。

3 景気の低迷と「労働市場」の規制緩和

ここからは、派遣労働をめぐる動きを追いつつ「労働市場」の規制緩和に焦点をあて、「派遣労働」問題が、制作会社にどのように波及し、制作会社のディレクターやアシスタント・ディレクターの「業務」に影響したのかを述べたい。

労働者の派遣と番組制作のアウトソーシングの進展

ニューメディア時代として「多メディア」「多チャンネル」に沸いた80年代は、放送業界は右肩上がりの発展を遂げ、制作会社は活況を呈した。

1986年の労働者派遣法施行により、ビジネスとして派遣業務を行うことが可能になり（専門的な業種13＋3業種に、放送機器を操作する放送の送出業務と演出業務が追加された）、仕事量の増加による人手不足の問題は、派遣社員の手当てで解消するということが常態化した。門戸が開いたのは、専門的な職種からであったが、この頃から「労働者」の「派遣」は、現在の私たちがよく知る日常の風景となってゆく。

テレビ局においては、専門的技能を必要とする企画・制作・技術・送出とも制作会社が担う比重が高まり、特に制作部門は制作会社に依存する体制となった。

＊タイムシフト視聴率：録画再生率とも称される。放送日から7日以内に再生されたものを統計としてまとめたもの。
＊総合視聴率：リアルタイム視聴率＋タイムシフト視聴率－重複視聴率。
＊個人全体視聴率：世帯対象だった調査対象をその世帯に住んでいる個々人に変更したもの。たとえば5世帯の在住者が18人だった場合、調査対象は「5世帯」から「18人」となる。ターゲットを絞ったCM展開をすることができるとされる。

ここで、公共放送であるＮＨＫの動きを押さえておきたい。

１９８2年には放送法が改正され、ＮＨＫの営利事業への出資が可能となった。80年代半ばからＮＨＫの民営化路線によってＮＨＫエンタープライズ（１９８５）が設立され、ＮＨＫの番組制作は、同社をブリッジとして制作会社に委託され始めた。ＮＨＫの番組制作の委託・受注は制作会社の経営に大きな影響を与えることになった。ＮＨＫの子会社は80年代後半に設立ラッシュを迎える。

こうして、ＮＨＫエンタープライズを核としたＮＨＫのグループ体制が成立し、ＮＨＫの番組制作のアウトソーシングは本格化する。制作会社にとってはＮＨＫも取引先となったわけで、こうしたＮＨＫの動きも制作会社活況を後押しする結果となった。以降は「視聴率至上主義」がまん延する民放の制作現場の裏側で、制作会社にとっては「ＮＨＫの番組制作」の受注の有無が、制作者たちのモチベーションに大きく影響していくことになる。

バブル崩壊と景気の低迷――資金繰りの悪化と雇用の不安定化

続く90年代は日本経済の長い低迷期である。財務悪化によって採用控えが起こり、新卒学生にとっては就職超氷河期、また中高年社員の「リストラ」が相次ぐなど、戦後の安定を支えた「終身雇用」のシステムが不安定になったのもこの時期であった。

放送局もその例にもれず、90年代に入ると経済状況が悪化する。それは膨らみ続けた制作会社にもダイレクトに影響した。

テレビ制作会社のアシスタント・ディレクター（ＡＤ）たちを主人公にしたテレビドラマ『ＡＤリターンズ』（ＴＢＳ、１９９２年10月期）が登場するなど、「テレビＡＤの労働環境は、３Ｋ職場」[3]だとの認識は90年代の初頭から始まった。

そのほとんどが中小・零細企業である制作会社の窮乏状態を受け、１９９４年、Ｊ－ＶＩＧ（日本映像事業協同組合）が設立された。Ｊ－ＶＩＧは、金融機関からの貸し渋りに遭い経済的に困窮する制作会社のためにつくられた福利厚生事業と転貸融資事業を行う協同組合である。

テレビ制作会社の連盟であるＡＴＰがあるのになぜＪ－ＶＩＧをつくったのかという筆者らの問いに対して、自ら制作会社を率い、Ｊ－ＶＩＧを立ち上げた澤田氏は次のように述べた。

実家の家を取られたとか、担保に入れて資金繰りして、つまり資金がなくて、番組を先につくる（入金は納品後）ということが、しんどいわけじゃないですか。よくロケ失敗して、つぶれた会社ありましたよ。僕、何とか助ける方法ないかと思って、いろいろ、調べていたんですよ。（中略）協同組合をつくったら、そこに転貸融資って、国の資金を借りて、代わりに貸してやることができる。その利率もこれぐらいしか取っちゃいけないと決まっているんですよ。街金（小規模の消費者金融）が盛んなときですよ。街金借りて、つぶれた会社が出たりしたからね。（資金繰りに困っている制作会社を）助けないかんため。だからイデオロギーは何もないんですよ。

澤田氏によれば、ATPは対放送局との権利闘争のための団体であり、J-VIGはあくまで経済的困窮を救うために立ち上げたものであったのだという。

バブル崩壊後、手のひらを返したような金融機関による融資引き上げや貸し渋りによって、多くの中小企業は資金繰りにあえいでいた。

また、制作費の削減による制作受注額の減額は制作会社の経営をさらに厳しくした。

一方、1995年に日経連が「新時代の『日本的経営』」を発表した。それは、労働者を三つのグループに分け、雇用の弾力化・柔軟化、人件費の低コスト化を提唱するものであった。経営の合理化の旗印のもと、組織変革も迫られ、非正規雇用労働者の増加に拍車をかけることになった。そして、制作現場においては、アシスタント・ディレクターなど最下層に位置する人材の非正規化がますます進行していくことになる。

競争の激化と不平等な取引

制作会社数の増加に伴い、番組の受注をめぐって激しい獲得競争が展開されたのは想像に難くないが、次第にテレビ局と制作会社の受発注をめぐる不平等な関係性が顕在化するようになった。1997年には『放送レポート』147号誌上で、テレビ番組制作現場へのアンケート調査に基づく「テレビ制作現場の声――どこがイコール・パートナーか」が特集され、制作会社の「下請け」構造に基づく苦しい状況が報告されている。翌98年には、公正取引委員会による「優越的地位濫用に関する独占禁止法のガイドライン」が発表され2001年以降は、それにテレビ番組の委託制作が含まれることとなった。

1996年の改正派遣法では、対象業務を26業務に拡大（正社員に代替できない専門業務中心、アナウンサーも）され、1999年の改正派遣法では派遣業種を原則自由化し、ポジティブリストからネガティブリスト（禁止業務）への変換も公表された。

派遣労働はますます増加し、法改正が相次いだ。派遣法改正が度重なるのは、裏を返せば分業化が進み作業がさらに細分化され、管理的でも専門的でもない労働のアウトソーシングが増加の一途をたどっていることを物語っている。

2000年代に入ると、「フリーター」「ワーキングプア」「ネットカフェ難民」などが社会問題になったが、この時期はテレビ業界にとっても厳しい時代となった。経営が悪化する制作会社が増加し、番組制作の受発注をめぐる取引についても問題が顕在化してくる。

民間放送連盟が「番組制作委託取引に関する指針」を発表したのが2003年、公正取引委員会の下請代金支払遅延等防止法（改正下請法）は2004年に施行され、情報成果物の分野（テレビ番組などコンテンツ制作業）が新たに適用されるようになり、発注書の交付や支払期日の遵守、代金減額の禁止が盛り込まれた。

「リーマンショック」その後──「スタッフ派遣」の急増

2008年には「リーマンショック」が起き、「弱り目にたたり目」の状態で、制作費の削減が進行し、制作会社の経済環境は一気に悪化したまま、現在に至っている。

2000年以降、テレビ制作現場でしばしば語られているのが「スタッフ派遣」問題である。「スタッフ派遣」は、ディレクターやアシスタント・ディレクターをテレビ局の制作現場に「派遣労働者」として送り込むことである。「スタッフ派遣」は、制作費削減による収入減を補塡するうえで経営上のメリットはあるが、制作会社にとって同時に悩ましい問題であるという。

プロデューサーの澤田氏もまた、「スタッフ派遣」を「人間を売る」となぞらえて制作会社の経営事情とテレビの将来を憂えていた。

スタッフの派遣が増えて、いつの間にかプロダクションには著作権がないことになってしまっているんです。番組作りの現場にスタッフが派遣されているだけだから、もはや共同制作じゃないんだという理屈です。調べたら、大手の制作プロダクションが別会社をこしらえて人材派遣をやっていた。収入になるからです。放送局にも直接人材を派遣している派遣専門会社も出てきた。（中略）派遣法はうまくできていて人件費の下限があるんです。だから最初はありがたい。だけど、安いところにどんどん切り替えていけば、差額で会社を経営していけるけれども、スタッフの質は明らかに悪くなる。資金繰りの問題もあって、背に腹は代えられないという心境で、いかにして人間を売って儲けるかということになる。みんながみんなやっているわけじゃありませんが、断れば番組をはずされる。こんなことをしていたら、結局、将来はみんなダメになるね（澤田 2012）。

制作会社・経営者のひであきさんも、スタッフを派遣することに関して積極的に考えたくはないと述べている。

プロデューサーやディレクターは、やっぱり（スタッフを）囲い込みたいんですよね。（派遣から）戻ってきたら戻ってきたで、働く勤務時間はこっちのほうがきつかったりするんです。その辺の矛盾点かなり出てくるから、ワイドショーなんかでAD出すっていうのは非常に悩むというか、あんまり考えたくはないなというのはありますよね。育てにくい。

ひであきさんは、「スタッフ派遣」はアシスタント・ディレクターを育てられず、「使い捨て」だという感想をもっている。

このように、テレビのよき時代からテレビ制作の現場を見つめてきたベテランたちが「スタッフ派遣」への危機感をそろって口にする一方、この「スタッフ派遣」を「新たなビジネス」ととらえる動きもある。制作会社が「スタッフ派遣」も業とする以外に、「局系列の派遣をやっている会社」や「スタッフ派遣メイン」のアシスタント・ディレクター専門の派遣会社も増加しているのが現状である。

アシスタント・ディレクター専門の派遣会社のアシスタント・ディレクターたちには、ディレクターになる未来が想定されていないとするなら、テレビ業界の担い手はどのように育成されるのだろうか。人材派遣会社は「労働力」が商品であり、収益が上がれば企業体としては成功なのだろうが、使い捨てられるアシスタント・ディレクターに誰がなりたいと思うだろうか。制作会社が抱える人材育成の問題は深刻である。

「デジタル技術革新」の波に乗って、テレビ業界は踊らされ膨れ上がった。一方で、「視聴率至上主義」のまん延はテレビ制作の現場を内部から萎縮させ、疲弊させてきた。そして、それらは慢性的な病となって業界全体をおおっている。だが、その寛解のきざしはいまだ見えてこない。産業の活性化と企業利益を優先した規制緩和の先に待っていたのは、派遣労働に代表される大量の使い捨て労働者の出現であって、テレビ制作業界においては、まさに現在のアシスタント・ディレクターたちがその未来を危惧されているのである。

現在の制作会社のアシスタント・ディレクターたちが抱える困難については、第2章以降で詳細に述べることにしたい。

4 テレビ業界再編のうねりのなかで

『発掘!あるある大事典Ⅱ』事件の衝撃

そんななか、2007年には「制作会社問題」が顕在化する事件が起こった。

関西テレビ『発掘!あるある大事典Ⅱ』データ捏造事件である。これは、納豆がダイエットに効果的という放送内容で、放送翌日にはスーパーなどで納豆が売り切れたが、根拠となるデータがでっち上げだったという不祥事である。この問題は、スポンサーの花王が降板、番組は打ち切り、制作会社である日本テレワークの社長は辞任、関西テレビの社長も辞任、関西テレビは民放連除名、総務省からの「警告」という結果となり、テレビ業界全体を震撼させた。同事件では社外委員会が報告書を発表し、「背景には同番組を取り巻く制作環境、日本放送界の構造上の問題がある」とし、制作会社をめぐる問題としては孫請けにおけるピラミッド構造の制作体制や、制作費削減の問題などが指摘された(4)。

この『あるある』問題について、松井（２０２０）は「編成主導体制」の歪みの具現化であると指摘している。『あるある大事典Ⅱ』は広告代理店持ち込みの編成営業主導で進められた番組企画だったのであり、タレント費や代理店手数料などが引かれた後の切り縮められた予算で制作しなければならなかった。さらに下請け孫請けひ孫請けの構造があり、しかも、ローカル局・在京の大手制作会社（社長はキー局からの天下り）間のパワーアンバランスなどといったさまざまな要因が複雑に絡み合い、制作現場はまったくコントロールのきかない状況であったという（松井 ２０２０：３３３－３４２）。

浮田哲（２００９a）もまた「あるある」問題において「報道について十分な教育をされていない取材者」という非難や「発注するテレビ局が〝下請け〟をちゃんとコントロールできているか」という批判に対する違和感を表明している。「局による管理体制の徹底」との声高な主張は制作現場を萎縮させるだけだろう（浮田 ２００９b）。問題が起こるたびに、ただでさえ閉塞感の強い制作の現場に「管理体制」が強化されていく傾向は、こうした「下請け」批判によっては解消されることはない。

テレビ業界再編のうねりのなかで――認定持株会社化と「制作会社」のゆくえ

テレビ局をめぐる大きな動きとしては、2007年に放送法が改正（NHK経営委員会の権限強化、放送持株会社）されたことを取り上げたい。これにより同年には、いち早くフジテレビが「フジ・メディア・ホールディングス」認定持株会社に移行し、次いで、TBSがTBSホールディングス（2008）に移行した。

以降2010年をはさんで、民放キー局は続々と認定持株会社へと移行した。テレビ東京はテレビ東京ホールディングス（2010）、日本テレビは日本テレビホールディングス（2012）、CBCテレビが中部日本放送（認定持株会社）、RKB毎日放送がRKB毎日ホールディングス（2016）、毎日放送がMBSメディアホールディングス（2017）、朝日放送が朝日放送グループホールディングス（2018）、RSK山陽放送がRSKホールディングス（2019）へとホールディングス化が進み、テレビ局を子会社とする認定持株会社への組織変更がなされた。

また、系列制作会社を統合する動きも後を絶たない。たとえば、2018年にはTBSホールディングスが100%出資し、メディアコンテンツの制作会社TBSスパークルを設立し、関連制作会社11社を吸収合併して話題になった。

そもそもこの制度は、デジタル化への投資などで経営基盤が弱体化したローカル局を救済する方法として打ち出されたものであった。しかし、立法者の「意図せざる結果」として、キー局はじめ経営基盤の大きなテレビ局が、漸減傾向のテレビ広告費を補うべく多角的な経営展開を図ることを可能とし、もともと東京一極集中の傾向の強い日本のテレビ産業において、地上波テレビ局を中心とした「メディア・コングロマリット」の形成を促進する結果となった[5]（岩崎　2017：19－21）。また、この制度導入に伴い、系列子会社（制作会社）を統合する動きも相次いだ。持株会社の傘下には放送局も制作会社もあれば、人材派遣会社も含まれる。そして、制作会社はよりいっそうグループ組織に従属するよう整序されてしまった。

持株会社グループとしては、番組を1本完全パッケージで外注するのではなく、必要なスタッフを労働力として〝購入〟することで、経費削減を図る。その際、自社系列の制作子会社に制作委託を集中させ、そこから番組にスタッフを派遣させ、また外部に孫請けさせる方法も増えている。さらに自社系列の制作会社は連結決算の対象となっているため、こうしたやり方は経済合理性があるというわけだ（浮田　2009a）。

坂本衛（2009）も、キー局による制作子会社の統合によって、まず系列の中核的な子会社に下請けに出し、さらに孫請けに出すことが広く行われており、「テレビ局―下請け制作会社―孫請け制作会社」のピラミッド構造のなかでさらに派遣化が進んでいると指摘している。

また、浮田（2009a）は、持株会社を頂点とする業界再編によって進行するスタッフ派遣による人材の囲い込みや番組制作体制の一元化は、効率的で品質管理も行いやすいかもしれないが、「情報」を「商品」として加工する製造工場のような現場では、まっとうなテレビ文化が育たないのではないかとテレビの未来を危惧していた。

2015年には民放キー局5社公式テレビポータルサイト「TVer」が、そして2020年には「NHKプラス」がスタートし、キー局ではすでに配信を見据えた番組制作体制へと変化している。

テレビ局の持株会社化と、それに伴う関連会社の統合など組織の再編は、放送持株会社がテレビ局をもその傘下に置く巨大なグループ企業として君臨し、放送産業がより大きな情報産業へと組み込まれていることを示している。

在京キー局はすべてホールディングス化した。経営の多角化・合理化の旗印のもと、関連会社の再編は続行されていく。クライアントのテレビ局のそうした動きに翻弄させられ、かつては、テレビ制作者という職人たちによる工房のようであった「制作会社」は、効率を優先し、商品を流れ作業で分業する「工場」へと変貌を遂げている。

次章からは、そうした制作会社に所属するテレビ制作者たちが、日々の業務のなかで何を思い、何に喜びを感じ、何を志しているのか、どのような未来を描いているのか、彼ら・彼女らの「声」に耳をすませていくことにしよう。

〔注〕

（1）日本の制作会社はサイズの小さい会社が中心であることが特徴である。『情報メディア白書2021』によれば、放送制作会社を売上高および従業員数で見てみると、売上高5億円未満の会社が7割を占めている。また従業員数10人未満の会社が約3割である。フリーランスでは仕事を受注しづらいため、社員1人という法人も多数存在する。業界は、小さい会社が大きな会社から仕事を受注し、その元請けが放送局という構造にある。

（2）ATPは一般的な「制作」に対して「製作」とは「企画立案から制作費の調達まで一括して行い、責任を持つ行為と主体」とし、「私たちは製作会社である」と主張している（ATP 2016）。ATPには現在123社が加盟、「著作権のあり方」や「製作取引の適正化」を推進することを課題とする。なお、本書では一般的な「制作会社」を統一して使用した。

（3）3Kは「きつい、汚い、危険」と頭文字のKが三つでブルーカラーの現業系の職種を指す俗語。新3Kは「きつい」「帰れない」「給料安い」と長時間労働のわりに低い給与が常態化している職種のことで、いずれも労働環境が悪いことを指している。

（4）第三者委員会の委員長代行であった音好宏氏は私たちの質問に対して、「『あるある』の最大の問題は実は芸能プロダクション問題」であるとも述べている。詳しくは「発掘！あるある大事典Ⅱ」調査委員会（2007）を参照されたい。

（5）たとえば2009年に発足したTBSホールディングスを見ると、業務内容はメディアコンテンツ、ライフスタイル、不動産その他に分かれ、メディアコンテンツ部門ではTBSテレビ、TBSラジオ、BS-TBSなどと、関連制作会社を一本化したTBSスパークル、技術系関連会社であるTBSアクトとTBSグラウディアを傘下におさめる形となっており、一大情報産業グループを形成している。持株会社はグループ会社の事業計画を決定し、経営の合理化を図ると同時に、人事の調整装置にもなりうる（TBSホールディングスウェブサイト　http://www.tbsholdings.co.jp/about/（2022年5月25日閲覧）。

〔参考文献〕

浅利光昭　2007「総務省『通信関連業実態調査』（放送番組制作業）から見た番組プロダクションの現状と課題」『AURA』181号：22－27
岩崎貞明　2017「第1編　放送概説　日本の放送制度の枠組みⅡ放送及び放送産業の現状」鈴木秀美・山田健太編『放送制度概論——新・放送法を読みとく』商事法務
浮田哲　2009a「ディレクターから見た番組制作現場」『放送レポート』218号：12－17
浮田哲　2009b「外部ディレクターから見た『真相報道バンキシャ！』問題」『世界』9月号：238－247
ATP（全日本テレビ番組製作社連盟）2016『ATPの主張——製作と権利の認識について』
音好宏　2005「第3章　日本の放送産業——その発展と特質」小野義邦編『放送を学ぶ人のために』世界思想社
柏井信二　2010「製作会社が抱える人材育成の悩み」『GALAC』11月号：22－25
坂本衛　2009「プロダクション非常事態！コストカットと派遣化が進む現場」『GALAC』3月号：12－17
笹田佳宏　2017「第1編　放送概説　日本の放送制度の枠組みⅢハード・ソフト一致から分離への移行」鈴木秀美・山田健太編『放送制度概論——新・放送法を読みとく』商事法務
座間味朝雄　2005「第4章　伝送技術とソフト・イノベーション」小野義邦編『放送を学ぶ人のために』世界思想社
澤田隆治　2012「第4章　制作現場のあるべき姿とは」上村鞆音・大山勝美・澤田隆治『テレビは何を伝えてきたか——草創期からデジタル時代へ』ちくま文庫
電通メディアイノベーションラボ　2021『情報メディア白書2021』ダイヤモンド社
日本民間放送連盟編　2001『民間放送50年史』
浜田純一　1999「放送制度論と放送法制の行方」日本放送協会文化研究所編『放送学研究』49号：99－117
「発掘！あるある大事典Ⅱ」調査委員会　2007「調査報告書　改訂版」

松井英光　2020『新テレビ学講義――もっと面白くするための理論と実践』茉莉花社
山田健太　2017「第1編　放送概説　日本の放送制度の枠組みⅠ放送制度の特徴と枠組み」鈴木秀美・山田健太編『放送制度概論――新・放送法を読みとく』商事法務

（北出真紀恵）

第2章

制作現場の日常風景

石山玲子・花野泰子

本章では、テレビ番組制作現場の制作者を取り上げ、インタビューを引用しながら、制作現場の日常風景を見ていく。制作者にも多様な職種が存在するが、アシスタント・ディレクター、ディレクター、プロデューサーに焦点をあてることとする。

本文に先立ち、まず、これらの職種にはどのようなキャリアパスがあるのか、簡単に見ていきたい。制作者のキャリアパスは多様で一概には括れないものの、ここでは一般的な例を提示する。制作現場では、アシスタント・ディレクター職が制作者のスタートとなる。アシスタント・ディレクターは、文字通りディレクターの補佐を行いながら、番組制作にかかわる雑用を一手に引き受ける。通常3～5年、経験を積み、その後ディレクターに昇格する。ディレクターは番組自体（内部）に関する権限をもち制作を行う。いわば、番組内容（映像など）にかかわる制作現場の責任者と言えよう。また、アシスタント・ディレクターを経験したのち、アシスタント・プロデューサーを経てプロデューサーへと進むキャリアパスもある。プロデューサーは人事や予算の権限をもち、制作全体にかかわる総責任者となっている。

2-1　アシスタント・ディレクター（AD）の日常

アシスタント・ディレクターの日常はどのようなものか。本節では、インタビューから見る彼らの日々の様子と本音に迫っていきたい。

1　あやかさんのある1日

あやかさんは、大学を出て3年目の20代、東京にある某制作会社の正社員として情報ワイド番組の制作に携わっている。地方出身のあやかさんがこの業界を志したきっかけは、テレビ制作の裏側に興味をもったことだという。「スタジオでみんなどういうことをやっているんだろうとか、テレビ局内で働く人って何をしているんだろうか、本当に知りたい」という知的好奇心から出発して、番組制作会社に入社した。

現在の番組は彼女にとって二つめの職場である。彼女の「職場」は番組ごとに変わる。入社1年目は他局の情報バラエティ番組で1年間、主として芸能を担当していた。現在、制作している情報ワイド番組は帯番組*である。彼女はそのうち週1回、決まった曜日を担当するチームの一員として仕事をこなしている。

図1　朝の情報番組制作の基本的な流れ

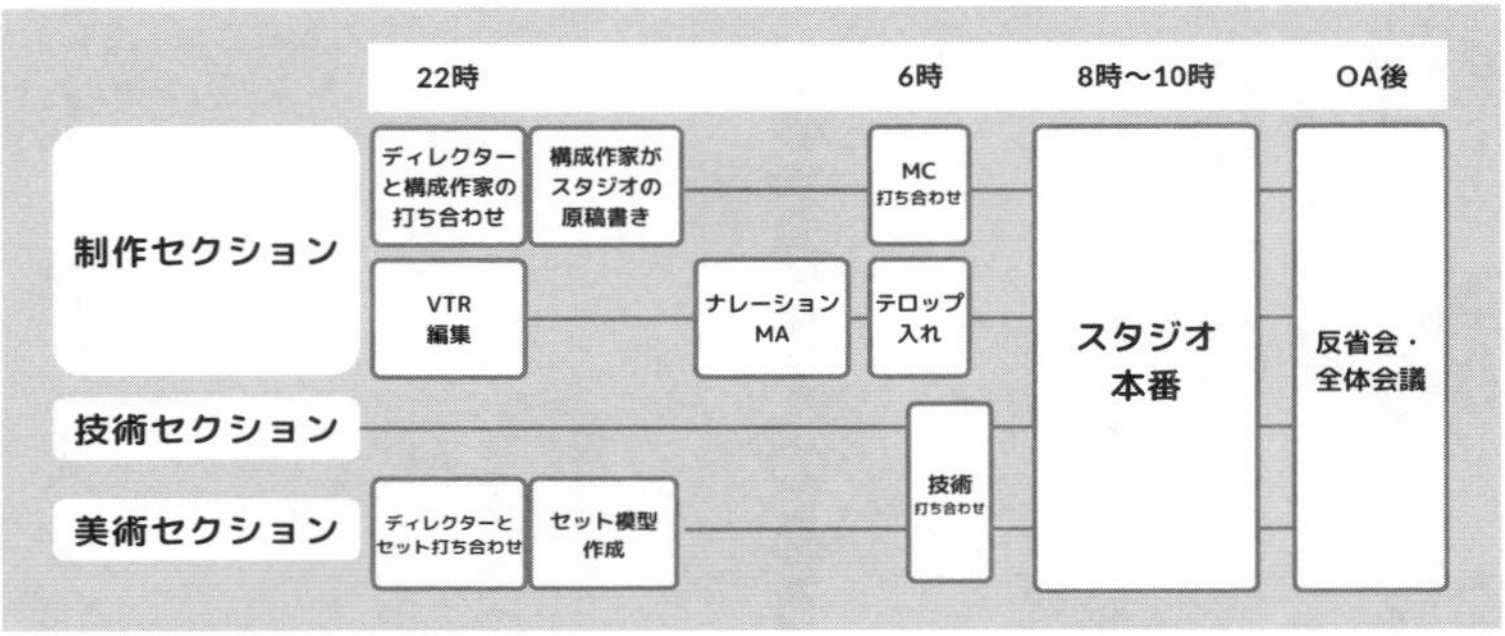

出所：岩崎貞明作成・脇山恵協力

放送曜日2日前のあやかさんの様子を見てみよう。アシスタント・ディレクター業務を担うあやかさんは、ディレクターより1時間ほど早く出社し、プロデューサーやメインキャスター（MC）らの打ち合わせに向け下準備を行う。アシスタント・ディレクターは打ち合わせに参加するわけではないが、ここでは、ディレクターが打ち合わせに必要な資料を作成するために、たとえば、当日の朝すでに放送された情報番組の原稿を揃えたり、映像を使用する際に必要な申請を行ったりするなど、主として前日以降に発生した事案について作業を開始する。

打ち合わせでは、担当曜日に扱うトピックが最終的に三つほど決定される。その後、決定された各トピックに対し担当が決まるのだが、ディレクターの作業時間に合わせて、必要な資料探しや、映像探し、映像使用の許諾のために許諾申請書を作成するなど、時間に追われながら仕事をこなす。「〔頼まれた映像を〕出すように動くためには、何時までにこの作業を終わらせなきゃいけないけど、同時進行でこの資料も頼まれたしみたいな。それで、あっぷあっぷになっているアシスタント・ディレクターが基本的に多い」という状況だ。

図2　1週間の仕事のサイクル

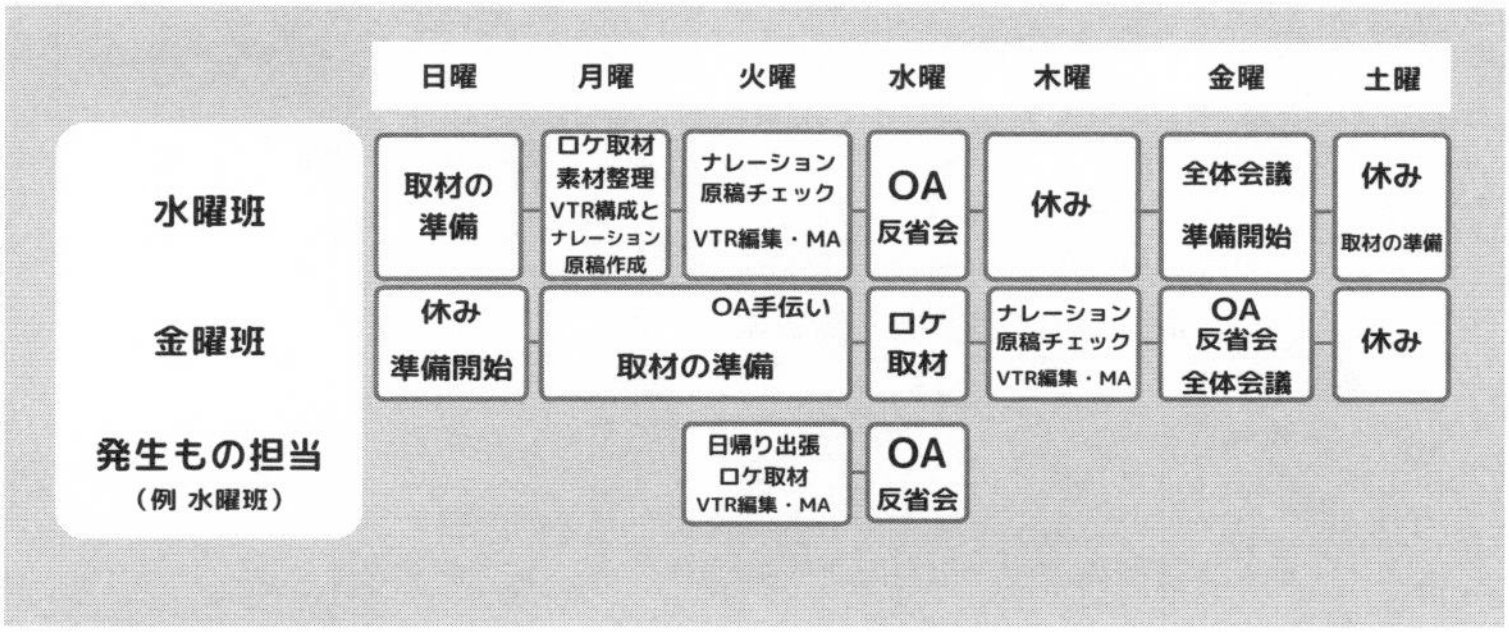

出所：岩崎貞明作成・脇山恵協力

しかし、こうして準備を進めていても臨時ニュースなどが入ると新たなトピックが候補にあがり、そのトピックに関して一から同様の準備を行うということもある。これが放送曜日の2日前ならまだしも当日の朝、ネットニュースなどで発覚したような場合は、忙しさも頂点に達する。「最近多いのはまあ、芸能界薬物とかで捕まっちゃう人が多い。で、事件が出たときに、絶対扱おうってなっちゃうので、朝方3時、4時くらいにネタがガラッと変わって、そっから資料を、映像を集め直しが、みたいのが起こったりも、たまに」という具合だ。

通常では、打ち合わせの後、時間をおいて構成会議*が行われる。その後、追加の資料を収集するのがあやかさんの仕事である。続いて、それをもとにディレクターが資料を修正していくのだが、「ディレクターさんが帰らない限りは帰りにくいっていうのもあるんで。あまりに長ければ、ご飯買いに行って、ご飯食べながら待ってみた

*帯番組：連日、同時間帯に放送される番組。
*構成会議：作家、プロデューサー、ディレクターが集まり、番組の流れを決める会議。トピックごとにVTRとスタジオの展開を具体的に構成していく。

表1　番組スタッフ一覧

担当職名（制作系）	業務内容
チーフプロデューサー	番組スタッフの人事権や予算管理などを掌握する番組の総責任者。放送局の正社員が多い。
担当プロデューサー	曜日ごと，番組のコーナーごとに置かれている責任者。放送局の正社員または制作会社の正社員が多い。
アシスタント・プロデューサー（AP）	チーフプロデューサーのもとで雑務をこなす。
チーフディレクター	番組の演出，取材などを担当するディレクターのトップ。
ディレクター	コーナーごとに班分けされ，演出・取材などを担当。
アシスタント・ディレクター（AD）	事実上番組でのあらゆる雑用を担当する。取材の補助，撮影したインタビューの音起こしやゲスト送迎のタクシー手配，ロケの準備や弁当の手配，資料収集などが日常業務。
構成	構成作家，放送作家とも呼ばれる。演出面でプロデューサーの補佐役として番組全体の演出を担当し，また番組出演者のナレーション原稿を書くこともある。企画会議にも出席して企画提案も行う。
リサーチャー	報道色の強い情報番組で，情報収集専門のスタッフとして配置される。資料収集のほか，取材先の選定やインタビューのアポとりなど，取材の事前準備などにかかわる。

担当職名（技術系）	業務内容
テクニカルディレクター（TD）	スタジオ技術の責任者。どのカメラの映像を放送に載せるかを判断するスイッチャーを兼ねることもある。
カメラ	スタジオ技術のうち，出演者などを撮影するカメラを担当する。ロケでの撮影を担当するのは別の技術スタッフの仕事になる。
カメラアシスタント（CA）	カメラ担当の補佐役。カメラケーブルさばきなどを務める。
音声	スタジオ技術のうち，出演者の声を拾うマイクなどの音量や音質を調整したり，スタジオ音声（しゃべり），中継音声とBGMやSEとのバランスを調整する役割。スタジオと副調整室や中継先との連絡系統の構築や調整も行うことが多い。ロケでの音声を担当するのは別の技術スタッフの仕事になる。

ビデオエンジニア（VE）	スタジオ技術のうち，映像の明るさや色合いなどを調整する役割。中継先の映像・音声の確認をする仕事もある。
照明	番組の演出プランに従って，スタジオの照明を調整する。スタジオにもっとも早く入るスタッフであり，スタジオの管理者を担う場合もある。ロケの照明は別の担当者が担う。
ENG	Electric News Gatheringの略。ロケの動画撮影を担当する。
MA	マルチオーディオの略。主に事前に編集して流されるVTRにつけるナレーションや効果音，BGMを選曲して，音量や音質を調整して音付けをする。
SE（音効）	サウンドイフェクトの略。生放送番組では，番組中のBGMやCM前のアイキャッチのジングル，スタジオの効果音などを選んで，タイミングを合わせて出す役割。

出所：脇山恵・岩崎貞明作成

いのはしてるんですけど」というように、待ちの時間もある。こうして、帰宅できる頃には出社後およそ半日（12時間以上）がたっている。

放送曜日の前日からは、翌日のオンエア終了後までノンストップで働いている。番組制作の作業は、フリップ*制作および発注、カンペ*の確認や書き直し、テロップの発注などで、放送に向けやることは膨大にある。当然のように、この2日間は徹夜で準備を行い、「寝ない日」となっている。「いやでも、みんな追い込まれているうちは、起きてなきゃみたいな。アドレナリン、みたいな感じで出て」とはいえ一晩に1回、30分ほどは寝落ちもするという。

このように多忙な業務をこなすあやかさんだが、アシスタント・ディレクター業には、どのような楽しさ、やりがい、辛さ

*フリップ：番組内でトピックを詳しく説明するために図や表などを記載した大型のカード。
*カンペ：番組の進行を促すために出演者に指示を与える内容を記載したボード。

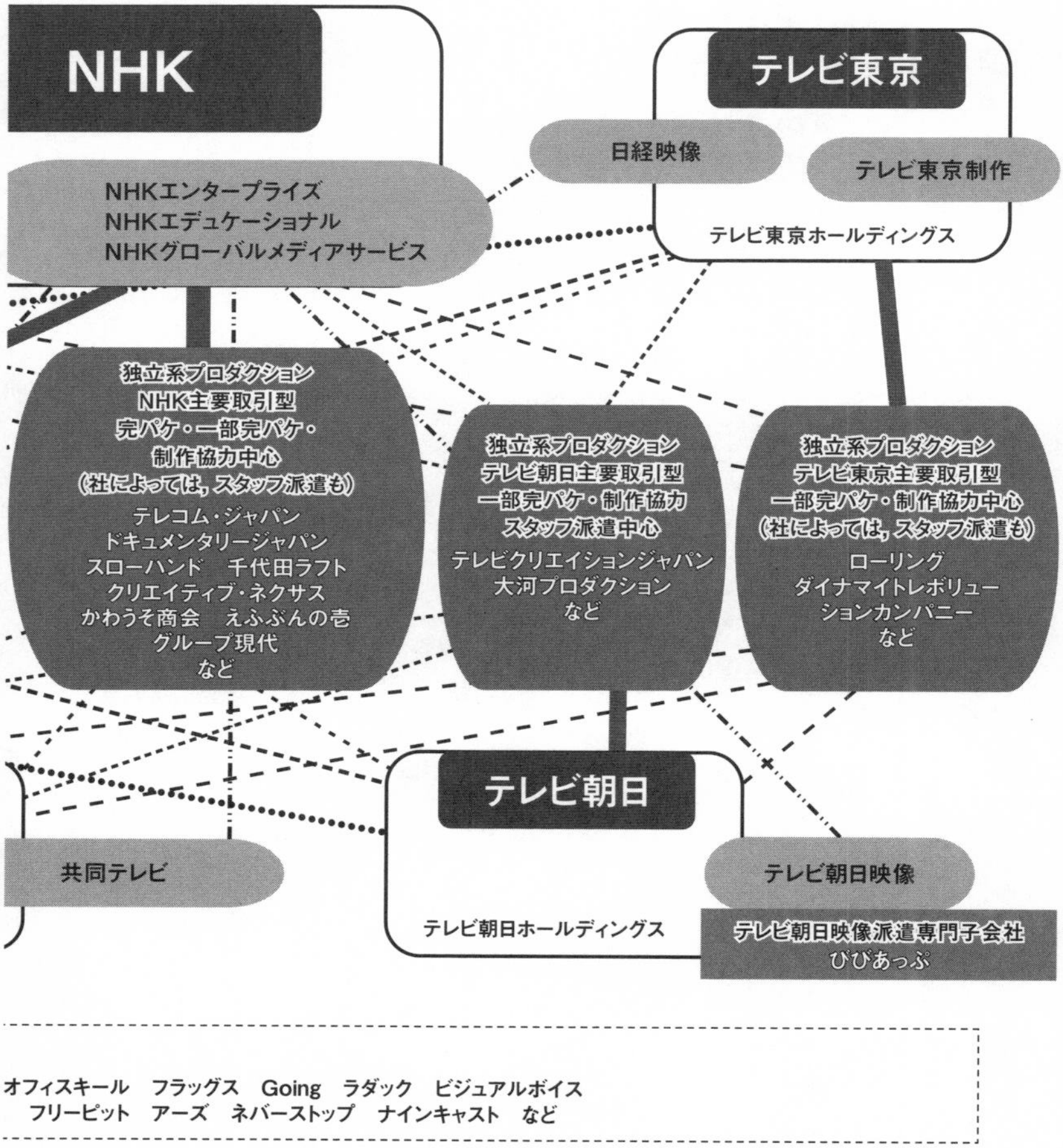

3. 在京キー局系の番組制作会社のうち何社かは系列外の他局の番組も受注しているが，ここではNHKとの取引を示す線のみ引いている。
4. スタッフ派遣会社・派遣中心会社の多くは，あらゆる局・制作会社と取引がある（例外もあり）。
5. ここに記載されいてる社名，取引関係はごく一部であり，在京キー局をとりまくすべての取引関係を網羅しているわけではない。見取図として参考にしてもらいたい。

出所：ATPホームページ（https://www.atp.or.jp/）および全国放送派遣協会ホームページ（https://www.zhhk.or.jp/）を参考に，花野泰子作成

図3　在京キー局，番組制作会社，派遣会社の取引関係

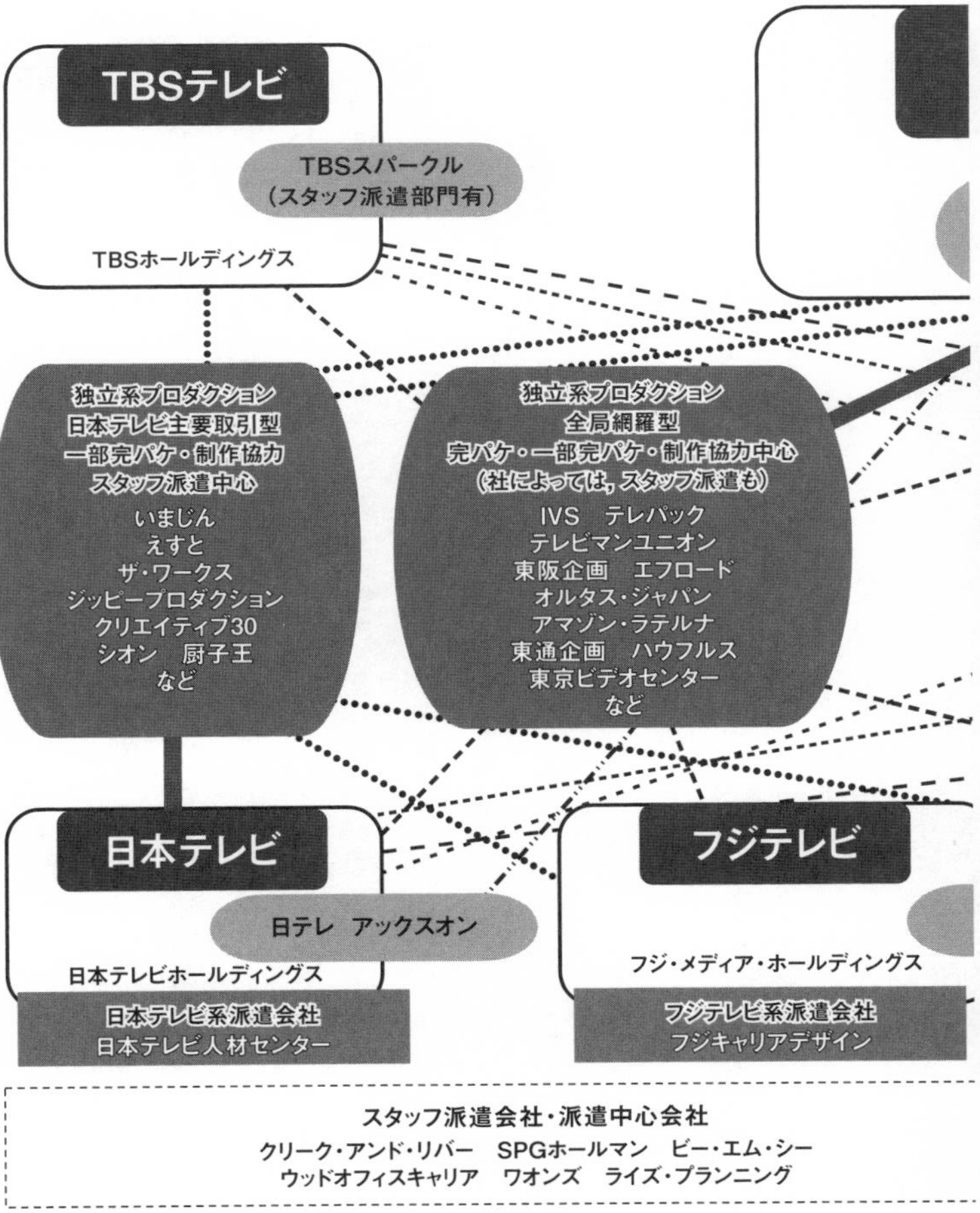

注：1．名前を記載している番組制作会社は，ATP（全日本テレビ番組製作社連盟）正会員社のなかでホームページをもち，制作番組・実績を確認できる会社からピックアップした。スタッフ派遣会社・派遣中心会社は全国放送派遣協会会員のなかでテレビ局系列ではなく，派遣業務についてホームページに記載している会社からピックアップした（いずれも執筆時である2022年6月に閲覧，当時の掲載内容を基に記載している）。

2．外部番組制作会社がNHKの番組を受注する場合，NHK関連団体の制作会社3社いずれかを通しての取引となる場合が多い。

などを感じているのだろうか。ここからは、数人のインタビューを交えながら追ってみよう。

2 番組制作のやりがいと特権

テレビ局で仕事をしていて楽しいと素直に思える経験の一つは、これまではテレビのなかの存在であったタレントなどの芸能人を、身近に見て肌で感じることができる瞬間だそうだ。とはいっても、スタジオでも芸能人は「雲の上の扱いでADなんかが近づいたら、なんで近づいているんだ、と〔上のスタッフから〕言われるぐらいの」存在ではある。「本人たちとかかわることは少ないので、本人たちのために用意することはいっぱいあるんですけど。見ることはできるので、そこは楽しいですね」（みさきさん、20代、アシスタント・ディレクター）というように生でタレントを見られることを喜んでいる。あやかさんは「ミーハー心もあったので」と前置きし、スタジオにゲストとして来る芸能人をじかに見て「すごい、あ、ここに来てよかったって」感じたという。その瞬間を、これまでで一番うれしかったこととして、次のように語る。

新垣結衣さんに会えたときが一番うれしかったです。目の前にいるって思っただけで。へへへ。きれいでした。じーっと見過ぎたら目が合って、会釈したら返してくれたんですよ。もう、その瞬間はもういいいって思いました。ハハハハ。（あやかさん）

また、番組制作という仕事で出会えるのは芸能人ばかりではない。みさきさんは、入社前、親と楽しんで見ていた某バラエティ番組を制作していたディレクターと、同じ職場で働いていることに感激している。以前、担当していたバラエティ番組は華やかな番組で「そういう世界を見せてもらったので楽しかった」という。一方、現在担当している情報ワイド番組は、憧れの存在とも言うべき「レジェンド・ディレクター」と一緒に仕事をする。それは「すごいこと」で、「ありがたい」という。

――そうです。（好きだった番組を）つくってた人が今。そのときにADだったみたいで、○○さんが。ADやってたんで、そんな人とかかわれるっていうのはすごい夢でしたね。（みさきさん）

憧れでもありロールモデルとなるような先輩を、身近に感じながら仕事ができるという状況は、新たな活力を与えてくれる。また、前述したように、番組の制作においてアシスタント・ディレクターは補佐的な役目を果たしており、制作会議などに参加する機会はほとんどない。しかし、番組によってはエンドロールにアシスタント・ディレクターの名前を載せてくれるときもあり、「それはうれしかった」（みさきさん）という。裏方の仕事が多い日々だが、目に見える形で仕事の成果が現れたことに喜びを感じている。

このような楽しさやうれしさは、仕事へのやりがいに通じていく。とりわけ、自分の仕事に対して着目してもらえ、さらに評価をしてもらったときなどは、まさに仕事への充実感が高まる結果となっている。あやかさんは、番組でメインキャスターらとともにロケに行ったときの出来事を、うれしそうに語る。

で、そのときに、移動のときに、私、先頭歩いて、じゃあこっちでって案内してるときに、ちょうど真後ろに〔メインキャスターの〕○○さんがいて。ちょうど目が合っちゃって。何しゃべろうって思ったときに、○○さんから、頑張ってるよねっていう言葉ひと言もらって。（中略）あ、見てくれてるんだなあみたいな。スタジオでも、フロアのど真ん中に今、演出のディレクターさんと一緒に座ってて、今、○○さんの本当、目の前でカンペを出しているようなこともやってるので。だから余計にそういう、やってる姿を一番見てくれてるのかなあっていうのを感じました。

他人から仕事ぶりを認められるという事実は、仕事への大きな原動力となっていく。そして、一緒に番組を担当しているディレクターをはじめ、番組制作の責任者とも言うべきプロデューサーたちに自分自身の力が評価される。ステップアップを考えると、最終的には人事決定権のある局のプロデューサーに認められることが目標だ。

3　意外に多い雑用とデスクワーク

テレビ番組の制作にかかわるアシスタント・ディレクターの日常は多忙を極める、という通説に沿って、その様子をもう少し拾ってみたい。アシスタント・ディレクターの仕事の内容は多岐にわたる。番組制作に必要な事前リサーチ（資料収集）や許諾をもらうための書類作成、台本の管理やコピー、企画会議の場所取りや、お弁当の手配、ロケ現場での案内、そして、本番ではカンペ出しなど、ディレクターを補佐し、あらゆる雑用を行う（小張・山中 2011）。ロケの後、複数のカメラの映像素材の音と画を合わせる段積み作業のほか、ディレクターがオフラインで映像編集を行う際、それに伴う素材集めもアシスタント・ディレクターの仕事の一つだ。

〈ディレクターによる編集作業は〉私たちは関与はしないんですけど、その裏で、必要な素材、たとえば、〈タレントの〉○○がふなっしーとか言ったら、ふなっしーの切り抜きがほしいとかになってくるんですよね。なので、その素材を手配したりとか、ロケ中に、たとえばこれって海外のなんかの建物に似てるねとか言ったら。口走ったら、もう終わりですね。その素材が絶対必要になってくるので、それを手配したりとか。フリーというか、アマナ*とかで取れれば全然いいんですけど、取れないと、新聞社とかに連絡して、もらえないかとかいうのでやりますね。あとは、裏取り作業も始まります。（みさきさん）

このように、次から次へと作業に追い立てられる。

番組の内容やその番組の人員体制によってもアシスタント・ディレクターの仕事内容の比重は変わる。

＊アマナ：Amana imagesのこと。写真家などによる著作物を有償で提供するストックフォト、画像素材、動画素材の販売サイト。

しかし、放送の当日はともかくも、事前リサーチをはじめ何をするにもパソコンを利用する仕事が多いことは、アシスタント・ディレクターの現実となっている。

〔仕事内容は〕意外にデスクワークだなっと思って、ADって。番組によるんですけど、今やっている情報系の番組は基本的にパソコンの前から動かないことが多いので。いろいろ動き回っているイメージがあったので、いろんなところに。意外に違うんだなあって。（あやかさん）

アシスタント・ディレクターはスタジオを走り回ったり、ロケをしたりして飛び回っているイメージがあったので、このようにデスクワークが多いという状況は予想外で就職前のイメージとの「一番ギャップ」（あやかさん）という。とりわけ、イヤホンをして、あらゆる会見の映像を見ながら、書き起こしをひたすらやっているときなどは、「そりゃもう、ああ、疲れるなあ、これって。楽しみがないなあ」と思い、辛さを感じるほどだ。やりたいことができていない仕事への不満とともに、機械的な単純作業への不満が見て取れる。また、同じ書き起こしでも「だったら、〔自分が手がけた〕ロケに行っている映像の編集されたものを起こしているほうが、断然楽しい」（みさきさん）とも感じており、仕事の内容が断片的であること自体が、仕事への意欲をそいでいることが推察できる。仕事の全体が見えずに行う細切れの作業に追い立てられ、その結果がどのように番組全体につながっていくのか想像する時間すらもてないという状況は、欲求不満を募らせる。それが、アシスタント・ディレクターの離職率の高さの一因ともなっている。「本当に、何やってるんだろうってなっちゃう子が多いんで辞めちゃうんですよ、すぐ」（みさきさん）という具合だ。

「ADさんがずっとパソコンに向かい合ってますよね」とベテラン・ディレクターのひであきさんは証言する。彼によると、このような状況は、技術の進歩による制作現場の変化の一面ととらえることができる。仮編集作業を例にとると、以前は、作業のときにはアシスタント・ディレクターの補助が必要だった。そこで、アシスタント・ディレクターは補助をしながらディレクターが仮編集をするやり方を見て学ぶことができたという。ところが今は、編集はノートパソコンで行うので、アシスタント・ディレクターが勉強する場がなくなっていると危惧している。

また、編集作業は編集オペレーターに任せているにもかかわらず、アシスタント・ディレクターがそれを脇で見ながら編集に間違いがないか、テロップの文字が違わないかをチェックすることもある。

本来は、ディレクターがその場所にいなきゃいけないんですけど、ディレクターの数が少な過ぎて、ADを箱（編集室）に残して、ディレクターは違う番組の取材に行ったりとか、この番組の別の用意をしたりとかしますね。（みさきさん）

という状況で、代わりにアシスタント・ディレクターが長時間、編集作業に「張り付いて」いるという。

このように、いくつもの番組を掛け持ちする超多忙なディレクターが出現するケースも見られる。ディレクターの仕事量が増加したことにより、本来ならディレクターの責任である編集作業をチェックする役割をアシスタント・ディレクターに任せ作業場に残し、ディレクターがひとりでロケ現場を飛び回る事態だ。

以前であれば、先述の仮編集の仕事だけでなく実際のロケのやり方なども、ディレクターの仕事を手伝いながら身に付けることもできたが、近年ではそのような機会が激減している。その要因として技術の進歩だけでなく、テレビ番組の制作費の減少もあげることができる。すなわち制作費の減少によって人員が削られ、効率よく制作を進めるがために、分業化が進んでいて、各々が目の前の仕事に追いたてられているのである。

以上のように、分業化が進行したり制作現場の人員が減少したりすることによって、教育の機会が失われるだけでなく、各人の作業の負担も増加している。その結果、制作者の心の余裕がなくなる事態に陥っているのではないだろうか。

30代のディレクターだいきさんは、「ADで泣いたとき」を辛かった経験としてあげ、次のように語っている。

――いや、もう怒られまくっています。常に、本当に。（中略）失敗しても怒られますし、話しかけるだけでも怒鳴られることもあります。「忙しいのに話しかけてくるんじゃねえ」というような。

いくら多忙だとはいえ、テレビの制作現場は、このように殺気立った職場なのだろうか。それとも、これは近年の特異な事例なのだろうか。次項では職場の雰囲気を中心に見ていこう。

4　職場の人間関係

職場の雰囲気はどのようにつくられるのだろうか。もちろん、それは現場で働く人たちの相互作用で醸成されていくものだろうが、アシスタント・ディレクターにとっては、直属の上司であるディレクターの存在およびその意向が大きな作用を及ぼすと考えられる。

私は楽しいことには楽しいって言えるので、そういうところはディレクターさんが認めてくれて、いいんじゃないって。そういうところはそのまま続けていったほうがいいよとかいうのは言ってください ますね。仕事に関しては、そのときのディレクターさんの気分とかもあるんで、できてる、できてないっていうのはありますけど。少なからず、今の人は評価してくれてます。いいじゃなくて、これ、いい内容調べてくれるようになったねとかは言ってくれるので、すごく。（みさきさん）

ディレクターから同僚として承認され、アシスタント・ディレクターとして日々の進歩が評価され仕事ぶりにコメントをもらえるなど、よいコミュニケーションがとれており前向きな職場の様子がうかがえる。なかには、アシスタント・ディレクターを慰労してくれるメインキャスターもいて、積極的にコミュニケーションの場を提供してくれる場合もある。

けっこう気にかけてはくださってて。今年4月に、1回、〔メインキャスターの〕○○さんと、何曜日と、総合演出の方、大人は本当それぐらいで、あとはAD、各曜日のAD3人ぐらいと、その○○さんでご飯会みたいなのを、○○さん主催で開いてくださって。（あやかさん）

以上の語りからは、当然と言うべきではあるが、コミュニケーションをとれることが、職場の雰囲気をよくする基本だということだ。相手の存在を認めコミュニケーションがとれることで、職場全体によい雰囲気が広がっていく。さらに、コミュニケーションを媒介として良好な人間関係が構築された結果、各人のやりがいにもつながっていくことが予想される。

続いて、情報ワイドを担当するアシスタント・ディレクターに職場の雰囲気について尋ねたときのインタビューを紹介したい。

雰囲気としては、おそらく、若い子が多いので、生き生きとした現場ではあると思います。さらに、エンタメのなかでも、華やかな人たちを扱っている番組なので、すごく明るく。（中略）だけど、〔総合演出のディレクターは〕番組をつくるうえで厳しくなっていかなきゃいけない。〔よい意味で〕二面性をもった方です。すごくいい方なので、決して地獄だとは思わないですね、今の制作現場を。〔しかし〕それこそ、本当に特番のほうは地獄でしたね。（みさきさん）

みさきさんの語りからは、上司を信頼している様子が推測される。さらに、「〔今の制作現場でも〕辛い面はあるんです。だけど、つくる人たちが楽しんでいるっていうのもあるんです。なかには。仕事量の裏では」と語り、「職場の雰囲気が番組にも出る」と感じている。いい情報を届けよう、視聴者を楽しませようとスタッフが一丸となって取り組んでいることが伝わってくる。

一方、ここで、みさきさんが引き合いに出している特別番組の現場では、職場の雰囲気が最悪だったという。仕事量が多いのはどの番組でも同じだが、この番組の制作現場では、お互いに人として相手を尊重することができず、仕事のうえで協力関係を築くことがきわめて難しく、膨大な仕事量をただひたすらこなしていく状態だったという。その「地獄」と表現する環境下では、「これは体験してわかったんですけど、本当に人って余裕がなくなると、たぶん、普通に人を殺せるんだなって」（みさきさん）と言うほど、追い詰められていた。職場におけるすさんだ人間関係が、精神的な健康を剝奪している様子がうかがえる。

また、ディスコミュニケーションが生じ職場の雰囲気に影響する例を見ると、世代間ギャップを理由としてあげることができる。テレビ番組制作現場で働く年齢層は20代、30代という若い人が多い。他方、キャリアのあるディレクターは年齢も高く、彼らがアシスタント・ディレクターとして過ごした時代とは職場環境も業務内容も変化している。キャリアのあるディレクターのなかには、その変化に気づかずに、自分たちのやり方がすべて正しいと思い込み、新しい意見を歓迎しない傾向が見られるという。アシスタント・ディレクター時代の自分の経験をもとに間違った評価をしたり、時にはパワーハラスメントと思われる行為をしてしまうケースもある。そうなると、職場の雰囲気は最悪だ。

しかし、みさきさんの現在の職場のディレクターは、アシスタント・ディレクター時代に先の例に見るようなキャリアのあるディレクターのもとで自分自身が苦労した経験から、それを反面教師として実践している。

――できれば下には優しくしてあげたいけど、（実際には忙しくてなかなか気遣うことができなくて）ごめんね。

と言ってみさきさんに接してくれるという。良好なコミュニケーションをベースに、職場の雰囲気が向上することで、良好な人間関係が構築され、その結果、仕事の辛さを乗り越える力が形成されてくるのではないだろうか。そうした関係をつくるうえでは、ディレクターをはじめ上司の立ち位置が重要な意味をもってくると言えよう。

5　道半ばの働き方改革

2018年7月に「働き方改革を推進するための関係法律の整備に関する法律」（通称働き方改革関連法）が制定された（厚生労働省　2018a）。厚生労働省によると労働者減少への対策として「労働者がそれぞれの事情に応じた多様な働き方を選択できる社会を実現する働き方改革を総合的に推進するため、長時間労働の是正、多様で柔軟な働き方の実現、雇用形態にかかわらない公正な待遇の確保等のための措置を講ずる」（厚生労働省 2018b）ことを目的としている。これに伴い、労働基準法が改正され、時間外労働の上限が法律に規定されたことで、長時間労働の是正が促されている。

先に見たように、番組制作者らの働き方は、概して長時間労働と言える。とりわけ報道や情報ワイド番組では、まさに生の情報（新しい出来事）を扱うこともあり、徹夜を余儀なくされることも少なくない。このような現況をアシスタント・ディレクターはどう感じているのだろうか。事前アンケートで、労働条件には不満がない、と記載したあやかさんの語りを見てみよう。

全然。しっかり休みもあるし。もう生放送なので、終わってしまえば終了。で、放送ギリギリまで粘るみたいなことがないので、家に帰れないとかも、本当に1週間のうち2日間程度の話でしかない。でまあ、そこに関してはまだ、たぶん、ましなのかなあって。

自宅に帰れないほど、長時間労働をする日が1カ月に何日もあることが常態化していても、そんなもの、と疑問を感じていない様子が見て取れる。現状では改善の方策は簡単には見つからないという現実もある。一方では、4月から働き方改革の影響で残業が少なくなり、収入が減少したという側面もあり「そこは一瞬、あれ？って」「確かに、そう。改革され、働いてないもんな、休み多くなったしなみたいな。まあまあまあ」（あやかさん）と矛盾を感じ、少々複雑な心境が吐露されていた。

人員が少ないなかで制作している状況では、いくら法律が施行されても状況の改善には限界があるのだろう。朝は10時頃から仕事が始まるというみさきさんは、次のように長時間労働の実態を語っている。

〈仕事の終了時間は〉朝3時回りますね。普通に。でも、最近は〈編集〉オペレーターさんたちもすごい考えてくれていて、進みがいいときは12時で終わらしてくれます。それでも12時です。零時になる日付が変わった瞬間に、今日はやめようって言ってくれて、次の日に回してくれるんですけど、基本的には区切りがつくところまではいなきゃいけないので、長いと3時まで。午前。

「本当に。新しいことが入ってくると、面白いのは、本当に2日目でダウンしてますね、みんな。こういうふうになって」と、みさきさんは机につっぷす様子で体力の限界を表現する。徹夜をするわけではないが、基本的には長時間労働の毎日で休日も月に2日ほどと少なく、慢性睡眠不足になるという。この語りに見るように、プロデューサーの采配により現場では、些少ながらも、いい意味での働き方改革の影響が出てはいる。しかし、いくら労働時間を削減しても、番組制作にかかわる膨大な仕事量（人員に対して）を簡単に減らすことはできない。シーズメディア代表の鎮目氏が指摘するように、番組制作において画期的な方策が必要であると言えよう。働き方改革の目指すところは、まだ一歩を踏み出したばかりで遠いようだ。

制作会社の仕事は長時間労働だというイメージが強く、なかでもアシスタント・ディレクターという職業はその典型だと言われてきた。さらに、実際、地方から東京のテレビ局に転職をしたみさきさんの「人間でした、名古屋では。こっち〔東京〕は家畜みたいな」というアシスタント・ディレクターに対する扱いに疑問を投げかける語りも見られた。近年まずは、そうしたイメージを改善しようと、テレビ局によっては「ＡＤ」という呼称を廃止しようとする動きもある（東スポＷｅｂ ２０２２）。本節では、そうした職場に入職したアシスタント・ディレクターたちのやりがいや辛さについて概観した。働き方改革によって長時間労働の慣行は是正されつつあるようだが、思ったよりデスクワークが多いなどの不満も見られた。あこがれの芸能人に会えるという軽い動機での入職が、キャリアとしてその後どう続いていくのだろうか。

〔参考文献〕

アマナイメージズ・ホームページ https://amanaimages.com/home.aspx（２０２２年２月26日閲覧）

厚生労働省 ２０１８ａ「『働き方改革』の実現に向けて」https://www.mhlw.go.jp/stf/seisakunitsuite/bunya/0000148322.html（２０２２年１月16日閲覧）

厚生労働省 ２０１８ｂ「働き方改革を推進するための関係法律の整備に関する法律（平成30年法律第71号）の概要」https://www.mhlw.go.jp/content/000332869.pdf（２０２２年１月16日閲覧）

小張アキコ・山中伊知郎 ２００６『テレビ業界で働く――番組を生み、育み、売り込み、そして活かすテレビ局のキーマンたち』ぺりかん社

東スポＷｅｂ ２０２２「テレビ各局で『ＡＤ』の呼称廃止へ――最下層扱いにメス…新呼称でどうなる?」（１月14日）https://www.tokyo-sports.co.jp/entame/news/3925958/（２０２２年３月11日閲覧）

（石山玲子）

2-2 番組制作会社に所属するディレクターたち

テレビ番組の制作現場では、まず、アシスタント・ディレクターとして仕事をスタートする。その後、一定期間、経験を積んだのちディレクターに昇格し、やっと一人前の制作者となる。前節では、アシスタント・ディレクターの日常を見てきたが、本節では、次のステップとなるディレクターのなかでも、比較的若手と言える30代までのディレクターに焦点をあて、彼らの働きぶりを見ていこう。

1 ディレクター、だいきさんのある1日

だいきさん（30代　ディレクター）は東京の私大の社会学部出身で、ディレクターとして報道番組を担当している。もともとテレビに興味をもっていたが、大学で宗教問題などを学ぶうちに「なかなか世界平和にならないなと思って、テレビなどに携わって、自分で発信できて、人を喜ばせたりしたい」という希望をもち、制作会社に正社員として就職した。

入社後、テレビ局のプロデューサーの面接を受け初めて配置された職場は、現在とは違う局の報道番組

で、4年半近く勤務した。その間、アシスタント・ディレクターを経てディレクターに昇格している。その後、次の制作会社に転職するタイミングで、勤務するテレビ局が変わり、現在の職場でディレクターとして3年以上、ニュース制作に追われる毎日だ。

制作現場では、局員を筆頭に、局の子会社や制作会社に所属するスタッフたちがともに一つのチームとなり番組を作り上げていく。

では、だいきさんのある1日を見てみよう。彼の1日はメールから始まる。今日は出社前にデスクからメールが届いていて、すでに「トピック」が指示されている。だいきさんは9時40分頃には出社し、トピックに関する情報を収集しロケへと出向いていく。この日のように、デスクが前日に仕込んだトピックの場合はよいが、「当日、『〇〇があるぞ』となったら、その日の朝のうちから電話をかけて仕込む」こともあるし、「『事件が起きた』って言ったら、『そこに行くぞ』と」急遽、取材に飛び出していくこともあるという。ロケはENGのクルー*と一緒だ。このようなクルーは「日替わり」でトピックごとに毎日メンバーが異なる。時には同じ番組制作の現場で働いていても、カメラマンなどは2、3年たって初めて挨拶を交わすこともある。

帰局後、原稿を書いて、素材などを見て準備し、編集マンとともに編集作業に取りかかる。そうやって完パケに近い形まで4、5分のVTRを作成する（テロップは生出し*）その後、テロップを挿入しながらオン

＊クルー：カメラマンと音声兼ビデオエンジニアを基本としたチームのこと。
＊生出し：放送しながらテロップを作成すること。

エア[*]となる。これでいったん、一つのトピックは終了する。続いて、一息つく暇もなく「もう1回戦」に突入する。1、2分というVTRではあるが、その日の番組内で放送する新たなトピックを、そこからオンエアできる状態にまで制作していくという。「その〔最初のVTRの放送が〕終わって疲れた後に、5時から1時間40分くらいで〔新たにVTRの制作を〕もう1回する」ということになる。

放送が終了したら、反省会が30分程度、行われる。その後、翌日のトピックがすでに決まっていれば、リサーチを行う。トピックが決まっていない場合は帰宅し、明日に備えることになるが、それでも実働は10時間を超える。

このような毎日を送るだいきさんだが、ディレクターとして働くうえで、どのような忙しさ、楽しさ、やりがい、辛さなどを感じているのだろうか。ここからは、番組制作会社に所属する、比較的若いディレクターを対象に行ったインタビューから見えてきた、彼らの本音に迫ることにしよう。

2　制作作業から得られる充実感

若手のディレクターに、これまで一番うれしかったことは何かと尋ねると、しばしば（あるいは多くの場合）、制作者として番組のエンドロールに名前が載ったとき、という答えが返ってくる。ディレクターになるとようやく自分の名前が画面に載るのである。仕事が一つの形になった証ととらえることができよう。「親孝行になったかな」（しょうへいさん　30代　ディレクター）とも思う。しかし、それだけではない。実際に自分の手と足を使って取材し番組を制作しているディレクターは、取材相手とのつながりも大切にしている。

取材してた人に感謝されたりとか、困ってる人もいるわけで、そういう人から連絡が来たりとかはうれしいですし、単純に。でも僕、一番最初にうれしいと思ったのは、エンドロールに名前が載ったときが、一番うれしかったんですけど。でも今は、そういうのはないので。（ゆうたさん　30代　ディレクター）

「報道で取材してるのが、今、楽しいので」（ゆうたさん）という発言からも、報道での取材のため、あちこちに行ったり、いろいろな人に会ったりする、現在の仕事の過程を楽しんでいる様子がうかがえる。

さらに、相手とのやりとりが目に見えるリアクションとして返ってきたときは最高だ。20代のれいなさんは、ディレクターに上がってから3週目の頃、ＳＮＳ動画を素材にして動物に関するトピックのＶＴＲを制作した経験をもつ。テレビ番組でＳＮＳ動画を使用するための許可取りをはじめ、電話取材を行って原稿を書き構成するという工程をひとりで行った。その際の取材相手とのやりとりを、これまでで一番うれしかったこととして次のように語る。

＊オンエア：放送すること。

放送後にありがとうございましたって文面を送った際に、飼い主の方からすごいお喜びいただいて。もちろん、自分の名前を出してはいたんですけど、最後にれいなさん本当にありがとうございましたって、名前でちゃんと改めて、一番最後に書いていただけたときに、すごいうれしかったのを覚えてますね。初めてひとりでやったものだったので、それは宝物ですね。これは忘れないようにしようと思いましたね。

制作したビデオ映像は、放送後の反省会でプロデューサー、チーフ・ディレクターからも褒められたという。初めて独り立ちしたときの制作は誰にとっても忘れ難いものではあるが、取材相手とのつながりも印象深いものとなる。

一方、だいきさんは、自分で企画した女性消防士のニュースに対する投稿をSNSで発見したとき、番組への反響を自分の目で確かめることができてうれしかったという。社会に寄与できたと感じる貴重な経験でもある。

放送が終わって、いわゆるTwitterなどで検索してみたら、「女性消防士でこんなに頑張っている人がいるんだ。私も今、目指しているけど頑張りたい」というネットの声があって、女性の消防士を目指している人の役に立ったというのが、そのときに一番、思いました。

このように自分が制作したニュースが、視聴者の励みになり人の役に立ったことは、やりがいにつながっている。30代のたくやさんは「〈やりがいを感じるのは〉自分の取材したもので、社会がちょっとでもいい方向に動いたって感じとれる何かがあるときですよね」と語る。社会に貢献できたと思える瞬間は、ディレクター冥利に尽きるものだと言えるのだろう。

さらに、日々の制作過程のなかでやりがいを感じることもある。自分ならではの制作ができるようになったと自分自身が納得できるとともに、他者から評価されることもその一つだ。

ある程度この自分のスタイルというか。けっこう面白いもので見てる人が見ると、あれしょうへいさんつくりましたよねとかって。意外とあるんですよ。これ。僕も見ててもわかるんで。この人がつくったV〈VTR〉だなとかっていうのが。そういうなんか自分の味みたいなものが出せるようになってきたのは、ディレクター3、4年ぐらいのときなのかな。（しょうへいさん）

さまざまな工夫をするなかでテクニックが進歩し、自分の持ち味を発揮できていると他者から認められたとき、やりがいを感じることができるようだ。

また、生放送のニュース番組の場合は時間的な区切りがあり、時間との勝負のなかで、その日の仕事をやり遂げたという達成感も得ている。

達成感はあります。逆に言うと、達成感がないとたぶんみんなやれないんじゃないかなとは思います。（中略）今の日本のテレビ局、ニュース番組とかっていうの、なかなか時間に追われて技術的なところもあって、テロップみたいなものまで時間的に間に合わなかったりとかするので。そういったものをオンエア中に自分たちで手動で文字情報を入れたりとかするんですけど。それってけっこうドキドキするし、たまには間違っちゃったりとかするんですけど。そういったものが好きでやってるって人も、もちろんいますし。そういう緊張感、自分の担当が終わると達成感っていうか、とにかく100%に近づけるように頑張ったよね。じゃあ明日も頑張ろうっていう。だいたい、みんなそういう生放送に携わってる人間、そういうスタンスなんで。（しょうへいさん）

やりがいについては、だいきさんも同様に「自分がもちろん、ニュースのときは特にそうですが、間に合った、放送できたというのはもちろん達成感はあります」と語る。そのうえ、自分でニュース内容を企画し、その結果、「面白いVTRをつくれたときなどは」やりがいを感じると強調する。

これまで見たように、ディレクターの仕事はやりがいや達成感あふれる素晴らしい仕事だと考えられている。次項では、制作者としての辛さについて見ていこう。

3　制作者としての辛さ

ディレクターはカメラマンを伴い現場に出かける。現場では初対面の人にインタビューを行うことが多い。では、インタビューを実施するうえで、どのような苦労があるのだろうか。

インタビューは、まず名刺を差し出し取材者の名前を明らかにし、挨拶をするところから始まる。たくやさんの名刺はテレビ局名とともに、制作会社の名前も所属先として記載されている。挨拶ののち、早速、取材を進めようとするのだが、取材相手のなかにはテレビ局の人としか話さない、制作会社だと嫌だというふうな人がいて困ることがあるという。無理をして取材を進めることは難しいため通常は取材を断念する。「でも、どうしてもその人しか取材できないとか、そういうケースもあるじゃないですか。だから、そこですごく複雑な思いを経験されてる方は一定数いると思いますね、やっぱり」（たくやさん）と、所属により差別された経験を語る。

また、取材を進めているうちに、れいなさんは相手の話の内容に感情移入して、自分自身が辛くなるという経験をもつ。たとえば、コロナに関連して情報発信をしていた人へのインタビューでは、その人がひどい誹謗中傷に遭った経験を取材した。

〔誹謗中傷の話の内容は〕話を聞いてる側がすごく辛くなるぐらいの話だったので。いちいち、そういうふうに感情が動いちゃいけないとは思うんですけど、けっこう、実は自分、動きやすいタイプだったなっていうのは思ったんですけど。この仕事、そういうのが辛いなってのはありましたね。

また、これまで見たように、視聴者からの反響が、制作者側を喜ばせ、活力を与えることもあるが、一方、放送後にSNSを確認すると、伝えたかった内容が必ずしも意図したとおりに伝わっていないこともある。たとえば、れいなさんは、「ちょっと斜めから見られてしまったりとかっていうのも多くて」と語る。

自分が携わったコーナーとかですね。リサーチして、中身も全部見て、一緒に編集していた内容とかで、いや、これさ、これこれこうじゃん、ああじゃんみたいなことって、Twitterとか見てると書かれてることが多いので、そういうのを見るとちょっと悲しくはなったりはしますね。(れいなさん)

れいなさんは、情報番組の制作者の一員として、情報が正しく伝わらないもどかしさを感じている。報道の現場では、年代、性別、キャリアが異なる多くの人が一つの番組制作にかかわっている。そこには明確なヒエラルキーがあり、番組制作会社の人間の位置は低い。たくやさんは、「新しい発想でトピックの構成を考え、提案した」が、局の上司に受け入れられなかった。ところが、内部でできあがったVTRを試聴した際、その場にいた局員の一言で、VTRの構成が、たくやさんが初めに提案した方向へ変更されたことがあるという。テレビ局員であれば、意見が通るという状況を目の当たりにし、制作会社の社員であるという自分の立場(スタンス)の弱さを実感したと次のように語る。

アナウンサーの人が試写で、「これは偏りすぎじゃないか」って言ったら、そっちのほうに結局、番組自体は戻ったからよかったんですよ。ただ、そこはすごくやっぱり下請け構造として、僕の声がちっちゃいんだなっていうのはそのとき感じましたね。

日々の制作過程のなかでも、大変なことはほかにもある。たとえば、番組の締め切りへの責任は重大で、制作者としてのプレッシャーはとても大きい。「それを過ぎちゃうと放送されないっていう、いわゆる放送事故みたいな形になってしまいます」（しょうへいさん）という不安を常に抱えている。日々新しい出来事を伝えることが宿命とも言うべき報道番組では、新しいトピックが浮上すれば急遽そちらに変更するのは、よくあることだ。その変更が生放送中に生じる場合であればなおさらで、そのとき、担当となったディレクターのプレッシャーは最高潮に達する。

で、その残り時間、1時間2時間の間で、チームがまた再編されて。自分が原稿書いてどういう素材があって、どういう話があって、どういう今インタビューがあって、どういう映像がうちの会社には、テレビ局にあるんだとかっていう話を自分で考えて構成しなきゃいけないので。その辺のプレッシャーは半端ないです。（しょうへいさん）

最新のニュースを届けようと最善を尽くしたつもりでも、時間が極端に限定されている場合には、「それでできたものが、50％だったりとかするわけなんで。そんときはやっぱりね。」（しょうへいさん）と言うように、必ずしも思ったような結果が得られるわけではない。しかし、１００％納得できる仕上がりにはならなくとも、放送時間が終了するとともにプレッシャーは消える。そして、もしかりにうまく仕事が運べば、より大きな達成感へと変化する。それはアシスタント・ディレクター時代と違って、自分が責任者であるという強い気持ちをディレクターがもち、仕事に挑んでいる結果と見ることができよう。

4　意思疎通の大切さ

次に、番組制作が行われている職場の雰囲気を見てみよう。そこには、番組による違いや時代による変化もうかがえる。だいきさんは自分の職場について次のように語る。

　番組にもよりますが、現在、担当している情報番組は、けっこう、皆、仲がいい感じです。追い込まれてくると、ピリピリしているときはもちろんありますが、基本的には皆、仲がいいと思います。風通しがいいと思います。

制作している番組によって働くスタッフも異なるのだから、職場の雰囲気が違うことは当然である。だいきさんの職場は「風通しがいい」というように、雰囲気はよい。やはりコミュニケーションがうまくとれていることが、職場の雰囲気を決定するうえで大きな要素となっているのだろう。多忙ななかでも、培った関係性を武器にうまく乗り越えていく様子がうかがえる。

アシスタント・ディレクター時代を振り返って、「普通に手が出たり、足が出たりっていうのもまだ当時、僕ら〔がアシスタント・ディレクター〕の時代は全然ありました」となおきさん（30代　ディレクター）は、当時の上司であるディレクターの発言について次のように語る。

――

おまえみたいなくずが、みたいなことは、普通に全然ありましたし、なんの実力もない人間がこんなとこにおってどうすんねんみたいなことも、ありましたし。本人は冗談で言ってるつもりなんでしょうね、きっとね。

――

また、複数の制作現場で仕事をしてきたみほさん（30代　元ディレクター）によれば、なかには「パワハラを許容しているような雰囲気〔がある〕。あとはけっこう、仕事のできるディレクターさんとかには口出さないみたいな」と許容する現場もあるようで、上司によって職場の雰囲気は決まるという。

しかし、こうした状況は徐々にだが、変わりつつあるようだ。

――

その辺に関しては、変わってきてるとは思うんですけど。昔、手出してたディレクターが、手出さなくなったりとかっていうの、「モーニングショー」内でもありますし。（中略）最近は、それは駄目だよって、プロデューサーに。次やったら、クビねっていうような感じで、ちゃんとくぎは刺してくれるようにはなったので。（ゆうたさん）

人権を無視したような扱いとか、発言っていうのは当時はありましたし、でも時代は変わるもんで、そういう人たちってどんどん淘汰されていきますね。この現場では、あなたはやらせられません。どんだけキャリアと実力があっても。（なおきさん）

という発言のように、制作現場の内部において自浄作用が働いているところもある。その背景には、社会全体におけるハラスメントに対する意識の高まり、ならびに制作会社内でのハラスメントに対する意識改革への取り組み（たとえば、クリエイティブネクサス　２０１９）も見られており、徐々にではあるが働きやすい職場づくりが進んでいる。

いずれにせよ、職場の雰囲気は、制作している番組によっても時代によっても変わる。ただ、制作現場の状況を考えると、ディレクターやプロデューサーの果たすべき役割は大きいと言えよう。

5　働き方改革のしわ寄せ

２０１９年４月に働き方改革関連法が施行された。その後、産業界ではさまざまな取り組みが実施されてきたが、ディレクターの働き方も変化しているのだろうか。

だいきさんの職場では「やはり働き方とか相当、変わってきている」という。番組ごと、つまり局員と一緒に制作会社の社員も同等に改革され、労働時間の調整（シフト）が行われたり、休日が増加したりした。つまり、日々の勤務時間が定められ、短縮する方向へと変化したのだ。

さらに、社内で2019年の春から改革が行われた結果、「土日はほぼ完全に休みで、（一月のうち）それ以外にもう2日休めるように」なったという。しかし、これは担当している番組ごとの改革であって、ほかの番組や他局では必ずしもそうはいかないとだいきさんは補足する。彼のケースは、どうやら恵まれた状況にあると言ってよいだろう。

働き方改革の影響について、たくやさんは「（働き方が）変わりましたね、その分、やっぱり普通にフリーランスと制作会社の人に、わかりやすいようにしわ寄せがちゃんと行ってますね」と即答する。放送局の正社員の労働条件や環境は改善されているが、そのしわ寄せが制作会社の正社員や契約社員、フリーランスにきている、いわば、働き方改革の調整弁になっているという。具体的には次のような状況が見られる。

タイムカードで皆さん職員の人は管理されてますけど、僕たちは基本的に、後々に、番組1本が終わった後に業務報告書みたいなのを出すんですよ。僕、時間とかもちゃんと書いてますけども、たぶん、チェックしてないんですよ。チェックしてないか、わかっているけども、この人たちにしわ寄せをいかすしかないって、たぶん思ってるんでしょうね。（たくやさん）

実働時間を書いて出しても、支払われる金額に変化はないという。局や番組はもちろん、雇用形態や契約内容が異なれば、労働条件も労働環境も違って当然ということになるのだろうか。

また、制作会社の内部の事情を見ると改善努力をしようとしているが、番組制作は人手を必要とすることに変わりはないという現実がある。そのため、実働時間削減の手立ての一つとしてフリーランスの起用で補おうとする。しかし、納得できる番組を制作するとなると、人によって力量に差があるフリーランスに安易に頼るわけにもいかず、過重労働は変わらない状況があるようだ。働き方改革によって生じた制作会社内での葛藤を、しょうへいさんは、次のように語る。

2時間番組をうちで自社でやってたってときも、たとえばちょっとじゃあここフォローできないかららって言って、知り合いのフリーのディレクターさんとか雇ってそこの部分だけお願いするっていうことも、できないことはないですし。でも、その番組に慣れてる人とか、力量とかもわからないし。その分、僕なんかも会社プロパーなので、信頼をおける人間にしか頼めないっていう感じの社長だったので。逆にこっちからするとありがたいし、大変ですけど自分の好きなもの最後までつくれるっていうのはあったので。なかなか難しいですね。

上司である制作会社の社長に信頼され、制作を任される社員のしょうへいさんの語りからは、労働条件の改善を望みつつも、制作者魂とのせめぎあいのなかで揺らぐ様子がうかがえる。労働時間の改善につい

て、よい打開策が見つからない制作会社の状況が表出している。

本節では番組制作会社に所属する若手のディレクターたちに焦点をあて、彼らの現況をインタビューから描き出した。番組制作を行うディレクターは、業界の花形的存在だ。制作者自身も制作のプロセスのなかで、大きな充実感を得て毎日を過ごしている。一方、テレビ局員と同じ現場で働く彼らだが、「所属は制作会社である」という現実をつきつけられたり、局社員の働き方改革のしわ寄せを受けたりする様子も垣間見られた。同業種、同職種であるテレビ局の社員との間にある構造的な溝は、はたして是正されるのだろうか。

（石山玲子）

〔参考文献〕
錦光山雅子　２０１８「制作者も当事者だ――マスコミのハラスメントを特集、自ら出演したＴＶプロデューサーの思いは」ハフポスト　https://www.huffingtonpost.jp/2018/12/24/sexual-harassment-in-television_a_23624229/（２０２２年1月16日閲覧）
クリエイティブネクサス　２０１９「職場暴力及びパワハラ撲滅共同宣言」プレスリリース　https://www.cr-nexus.co.jp/info/info-447/（２０２２年1月16日閲覧）
厚生労働省　２０１８ａ「働き方改革の実現に向けて」https://www.mhlw.go.jp/stf/seisakunitsuite/bunya/0000148322.html（２０２２年1月16日閲覧）
厚生労働省　２０１８ｂ「働き方改革を推進するための関係法律の整備に関する法律（平成30年法律第71号）の概要」https://www.mhlw.go.jp/content/000332869.pdf（２０２２年1月16日閲覧）
小張アキコ・山中伊知郎　２０１１『テレビ業界で働く』ぺりかん社
フジテレビ・ホームページ「フジテレビジュツの言葉――ビジュペディア」https://www.fujitv.co.jp/bijutsu/bijupedia/index.html（２０２２年5月30日閲覧）

2-3 プロデューサーは中間管理職

ここまで見てきたアシスタント・ディレクターやディレクターといったスタッフを管理し、放送局から受注した予算規模に沿って番組全体、あるいは一部の制作を担う責任者がプロデューサーである。番組内容のコントロール、予算管理、人材管理、出演者のキャスティングなど、多くの任務を負うプロジェクト・リーダーであると同時に、放送局を含めたより大きな番組単位における中間管理職的な立場にあるとも言える。

1 多忙な「営業兼マネージャー」

彼らの日常的な仕事は多岐にわたっているが、制作現場を客観的な立場で統括することが求められる。まず、放送局との関係性についての語りに耳を傾けてみよう。

一 われわれにとっては、テレビ局はお客さんなんですよね。本来ならば、番組的に言うと、お客さんは視聴者なんですけど。構造的には、テレビ局がわれわれのお客さんになるので、一応プロデューサーとして一緒に名前は載ったとしても、そうですね、ある程度向こうの意向をくみ入れる。だから、私がディレクターと局側の意向の橋渡し、調整役です。（ともこさん　50代　プロデューサー）

制作会社のプロデューサーは責任者ではあるが、あくまで下請けでしかなく最終的な決定権は放送局の側にあるため、「調整役」だと語るともこさん。予算管理、スケジュール管理、スタッフ管理と、あらゆる管理業務を一手に引き受けているのが制作会社のプロデューサーだという。もちろん企画も立てるが、実際にそれを企画書に書き上げる際には、ディレクターや構成作家の手を借りる場合が多いようだ。しかし、企画書を自分ひとりで書くプロデューサーもおり、たとえばゆうこさん（50代　プロデューサー）は、企画書をつくって営業をすることが、自分の主たる仕事ととらえている。

リサーチして企画つくって営業するのがＰ（プロデューサー）の仕事。簡単には通らないから何回も持って行って。通ったらスタッフ決めて後はＤ（ディレクター）にわりと任せてます。現場も最近はあまり行かないようにしています。（ゆうこさん）

彼女の所属する会社はいわゆる部分発注の仕事は受けず、1本丸ごとの完パケ制作の番組のみを受注し、じっくり時間をかけて制作を行うことが多い。この中規模制作会社では、ディレクターが演出にかかわる仕事はすべてひとりで行い、アシスタント・ディレクターを付けない方針で制作している。プロデューサーは放送局とのやりとりや、要所要所でのクオリティ・コントロールに徹する。こういった制作体制は理想的な仕事のやり方と言えるが、かなり稀である。多くの場合、プロデューサーは何本もの番組を同時に抱え、毎日多くの番組のさまざまな制作過程に目を配っていなくてはならない。あつしさん（40代　プロデューサー）の場合、残業が深夜に及びがちで、残業が多い社員のブラックリストに入っているという。昼間は、打ち合わせや収録などで現場に足を運ばなければならず、請求業務やスタッフから出てきた精算の処理、各番組のスケジュール進行管理、資料の作成など、デスクに座って行う仕事は必然的に夜にこなすことになる。

——遅いときは終電くらいまで平気でいますし。複数やってるんで、日中、何か会議とかいろいろやってて、落ち着いて作業できるのが、夜なわけですよ。（あつしさん）

あつしさんの会社は制作会社においては大規模であり大型レギュラー番組の幹事会社を担当できる規模であるため、外部の小規模制作会社を束ね、それぞれの進捗状況までも管理する立場になる場合がある。こうなってくると、彼の管理下にあるスタッフ数は社内外問わず相当数となり、必然的に事務作業も増える。残業超過ブラックリストに名を連ねているのもうなずけるが、40代となり、これまでのような働き方を変えたいと考え始めたようだ。

今は、土日は何もなければ、休みにしてます。昔は土日も普通に平気で動いてましたけど、今は休まないと、怒られるのと、あとは本当に自分のそういう時間をとっていこうと思ったので、今は休みにしてます。

年齢的なものもありますし。仕事ばっかりやってたんで、ふと気づくと何もない、自分の。やばいなと思って、ちょっと生き方、変えようと思って。（あつしさん）

20代、30代と本人曰く「コスパのいい」プロデューサーとして、多くの仕事をアシスタントも付けずにこなしてきたあつしさん。放送局から予算ごと管理体制すべてを丸投げされる形で受注する番組は、彼のような忙しいプロデューサーたちが最終的な決定権（当然、放送局にある）以外のすべてを負わされ働くことで、成り立っているように見える。

2　「部分業務委託」という不条理

放送される番組の最後に流れるエンドロールには、部分的にでもその番組にかかわった会社名はクレジットされている。そして、同様に主なスタッフの名前も表示される。その最後尾に責任者である「プロデューサー」欄があり、複数人の名前が並んでクレジットされる。しかし、ここに載っている人々は実は所属が異なっている。放送局の局員であるプロデューサーも制作協力や業務委託で参加している制作会社のプロデューサーも、同じ肩書ではあるが、それぞれの立場はまったく違う(「制作プロデューサー」、「統括プロデューサー」など微妙に違いを付け、各々の立場を表現している番組も存在する)。

前述したゆうこさんが所属する中規模制作会社のように、番組1本丸ごとの完パケ受注会社とは異なる状況にあるのが、くみこさん(40代 プロデューサー)の所属する大規模制作会社である。

〔入社して〕11年めなんですけど、一番、今、エンドロール数が多いです。でも、それは業務委託という名の体のいい派遣なんです。人が足りないから来てと。その人の分しか払われていないから。(くみこさん)

ここで、制作会社が一口に放送局から番組制作を受注すると言っても、その形態や契約内容がさまざまであることは、すでに序章、第1章で述べてきた。くみこさんが発言しているのは、まさに大型レギュラー番組や情報ワイド番組などの制作体制にありがちな「業務委託」による受注制作についてである。(1)

AD2人とディレクター2人が足りないから、たとえばディレクターは50万、50万、100万と、ここ30万と30万でたとえば160万です。プラス、いろいろロケしたりするんで、雑費も含めて1本300万お渡しします、と。でも、300万じゃできないわけですよ。(くみこさん)

放送局が制作会社に番組のある一部分の映像制作を委託する場合、放送局は制作会社のプロデューサー、ディレクター、アシスタント・ディレクターの人件費、取材費など必要かつ適切な経費、そして事務所を維持する固定費分を含めた予算を渡し、制作会社はその範囲で映像を作り上げ、納品する。しかし、実際にはプロデューサーが行っているマネジメント業務への対価や会社運営に回す営業費も十分に計上できず、現場スタッフの人件費と経費分の金額しか放送局はよこさない、と訴えているのである。

でも局からしてみれば、全部を任すんじゃなくて、この四十何分とかの放送の、この部分のロケの部分だけですからと言うと、できないこともないんですよ、その数字。本当にグレーゾーンのところぎりぎりのところ、向こうも頭のいい数字のわかる人が立ち向かってくるので。それに対して、初めが肝心といつも会社に言っているんですけど、うちってすごくいい顔をするんですよ、上の人たちはちやほやされたいので。受けてきちゃうんです。（くみこさん）

会社と会社の契約であれば、人件費や実働経費のほかにも、営業費という名目で制作会社を運営するために必要な諸々の費用も、発注側である放送局は支払うべきであるが、そういったことを無視して、ぎりぎりの額しか提示してこない。これに対して、受注数を増やしたい制作会社上層部も二つ返事で放送局の条件を飲んでしまう。そのため、わずかな受注額を積み重ねて売上を伸ばすことになり、「一番、今、エンドロール数が多いです」という経営状況に陥っているわけだ。

2－1、2－2で見てきたアシスタント・ディレクターや若手ディレクターたちの厳しい日常は、放送局と制作会社の対等とは言いがたい「下請け構造」と放送局の経営不振により生み出されているのは明らかだ。そうした声はインタビューでも複数あがっていた。たとえば、制作会社と放送局は対等じゃない「俺がやらせてやっている」という態度で接してくる放送局プロデューサーが存在すると、ゆうこさんは語る。また、ともこさんの会社は、1本まるまるつくれない会社、「お客様」のような会社と揶揄されることがあるという。

こうして、部分的な業務委託を繰り返す会社は、制作能力が低いという評価となり、結果、希望するような番組制作の依頼が来なくなるという悪循環に陥っていく。こういった厳しい制作予算削減・合理化の最前線で、放送局とスタッフの狭間に立つ制作会社のプロデューサーには強いストレスがのしかかっていく。

3　後継育成の楽しみと限界

番組や映像の企画をつくり、放送局に対する営業から受注、スタッフを集めてスケジュール管理、制作進行管理、予算管理と多くの業務を行うプロデューサーであるが、彼らにとっての仕事の醍醐味とは何かについて、次に見ていきたい。

大好きなんですよ〈テレビが〉。私もそれで救われたんで。私は頭が悪いからそう思うのかもしれないんですけど、医者にもなれないし、政治家にもなれないし、大統領になんかなれないし、でもこんな凡人の私でも、1個、企画書が通って助けてくれる組織とチームがあれば、人を助けられるんです。それが○○○〈番組名〉だったので、本当に感謝されて、ちょっとしたことで野菜嫌いの子が野菜を好きになったり、私、学校の先生になれなくても、野菜嫌いの子を野菜好きにできるんだという。これは言葉が悪いかもしれないですけど、この優越感はテレビマンにしか味わえないですよね。〈くみこさん〉

メディアの仕事の醍醐味は、自分が発信したことが誰かに影響を与えたり、大切なことを世の中に知らせたりといった社会的影響力の強さであろう。ゆうこさんは、よく知られている人物ドキュメンタリー番組枠を頻繁に手がけているが、番組の知名度が低かった初期の頃からかかわってきた。著名な出演者を扱う人気番組に成長した後に、あえて無名ではあるが尊い仕事をしている出演者に密着する企画を持ち込み、内容の濃い番組を制作して放送することができたとき、「枠を育てる」やりがいを感じたという。

この時期には、番組枠を立ち上げた初代プロデューサーはすでに異動しており、放送局側のプロデューサーは、人事異動でたまたま担当になっていた人であった。同番組を持ち回りで完パケ制作してきた制作会社がその枠を育てたことで、放送局の担当者がかわっても番組に対する視聴者の信頼は揺るがず、無名の出演者を登場させる挑戦も見事成功したわけである。このように、放送局が制作会社を信頼し、その力いる。

量を存分に発揮する機会を与えているケースでは、制作会社のプロデューサーは大きなやりがいを感じている。

また、もともと技術部門から制作部門に異動してプロデューサーとなったあつしさんは、新技術への対応力を見込まれて、あるインターネット放送局の立ち上げに出向で参加したことがある。ここでの仕事は体力的には厳しかったが、その分、社内では得られない経験を彼にもたらした。

○○○〔インターネット放送局〕で番組やってたときは、技術も、満足な環境が最初なかったので、わりと技術チームを動かして、こういう演出的に、技術的には無理じゃないっていうときは、「できる、できる」って言って。僕が「こうして、ああして、これでやればできるじゃん」みたいな。（中略）

自分の会社にいると、自分の会社の基準でしかなくなるじゃないですか。あと、ディレクションの能力とか、クリエイティブのスタッフとかも、うちのなかだけだと限られてますけど、外を向くと、ものすごい素晴らしい人がいっぱいいたりとか。こんな人と、いろいろ何かやったら、楽しいなっていうのが、そっち側に行かないと、他社に発注するって、ないじゃないですか、うちの会社にいたら。有名な演出家の人に会ったりとか、地上波で逆に一緒になれないのが、ここだったから一緒になれたみたいな。（あつしさん）

新しい人脈の広がりは、彼にとってよい刺激となった。「いい番組をつくるために必要なものは？」との問いかけに、現在は自社に戻ってテレビ番組を担当しているあつしさんは即答した。

いいスタッフですね。（中略）いろんなところと付き合わないと、そもそもわからないので、そういう、いろんなお付き合いを通して、自分のだとか、そういう財産と言ったらあれですけど。だからひとり、絶対信頼できる人がいたら、その人の紹介は僕は信じられるなと思うんですよ。自分が絶対、任せられるという人たち。その人も、僕のいわゆる信頼を裏切らないように、たぶん、考えてくれてるだろうしっていう、そういうところですかね。

放送番組は、決してひとりではつくることができない。よいスタッフを見つけるだけではなく、縁のあったスタッフを大切に育てることも必要だ。しかし、現在の制作現場の厳しさから辞めていく若いアシスタント・ディレクターが多いのも事実である。くみこさんは、こう語る。

でも私、今の一番辛いのは、自分がそうしてきてもらった（誰かに助けられて続けてきた）のに、自分が辞めていく子を止められないことですかね。
そのとき、素直に私、今でも泣きますよ、47になっても。堂々とADの目の前で、隠し事なく、会社でワンワン泣いて、役員が飛んできて、おまえ、これみよがしに泣いているんじゃねえと怒られますけど。だって、こんなに育てた子が辞めていくといって、ありがとうございましたって、今どきの子が手書きの手紙ですよ。

「くみこさんから教えてもらったことは忘れません、でも〇〇〇〔会社名〕で頑張れなくてごめんなさい」なんて書かれちゃっていたら、ワンワン泣いて。私もその会社に行こうかな。でも、おばさんはいらないかな。一緒に助けてあげられるのに。行ったらADで雇ってもらおうかなという感じです。

彼女の修業時代には、放送業界の景気が悪くなかったこともあり、立場や会社、所属の垣根を越えて手を差し伸べ、引き上げ、チャンスを与えてくれる人たちがいたが、今はその余裕がない。彼女が育てたアシスタント・ディレクターが別番組に異動となった後、気がついたら辞めていたことも多いという。

〔自分は〕やりたいことをやってさせてもらったので、今度は逆に、私もそうだったので、やりたいと思っている子を、それが私、今、全然できていないんですけど、本来は取ってきてあげてやらせてあげるべきですよね。〔くみこさん〕

番組を育て、スタッフを育て、そうしてプロデューサーとしての自分も育ち、さらに新たな番組の企画の成立へとつなげていく。そのようなプロデューサー業の好循環は、いったいいつ頃から成立しづらくなっていったのだろうか。

4　局系列会社は天下り先、独立系も局依存の番組制作

番組制作会社には大きく分けて、あつしさんやくみこさんが所属するような放送局の系列会社と、放送局とは資本関係のない独立系プロダクションの2種類がある。系列会社の場合、社長はじめ上層部は放送局から送り込まれた人材で占められがちである。くみこさんの会社での前社長時代のエピソードとして、以下のような発言がある。

> 私たちに公表していないんで、〈役員の〉報酬は。下手に黒字に残しちゃうと、関連会社に取られちゃう、〈○○○ホールディングス〉に取られちゃうんで、自分たちの給料を上げるわけですよ。（くみこさん）

さらに、系列会社からの役員たちに対してイエスマンとなっているディレクターは、職員等級〈給与〉が高いのだともいう。しかし、仕事は「全然できない」と明言する。もっとできるディレクターもいるのに、その人物は中途入社のため等級は低いのだという。

放送局の大手系列会社に所属するあつしさんは、社内で育って社員として残っているディレクターの数が少ないことを憂慮しており、番組づくりの演出は、中途入社のディレクターやフリーランスに頼ることが多いと語る。

いわゆる、名を張れるような演出家っていう人は、うちの会社にいるかって言うと、本当に片手もないっていう。うちとしては、本当は中の人間を育てないと。うちは今、30～40代で活躍しないといけない世代が一番、薄いんですよね。僕なんかは、就職氷河期の末期なんで、同期が４人。僕入れて４人〈のみ〉」。（あつしさん）

バブル崩壊後の就職氷河期以降、特に２００８年のリーマンショックの打撃による採用抑制が続き、放送業界全体が若手社員の採用数を減らしてきた。なかでも下請けである番組制作会社から、新入社員を潤沢に確保する体力が奪われていった。しかし、放送時間数は減らずＢＳデジタル局が新たに開局するなど、番組の本数も延べ放送時間も増える一方であった。そうしたなか、番組制作会社は、売り上げを保つために番組制作を受注し続け、制作は派遣のアシスタント・ディレクターやフリーランスのディレクター頼りとなってしまった。放送局からの受注を主な収入源としている限りは、余裕のない経営体制は永遠に続くだろう。ともこさんは、将来、この状況を打開するためには、現在ほとんどが局に帰属している番組著作権を自分たちがもつべきだと考えている。

私たちとしては、私と一緒にやってるうちの演出もそうなんですけれど、そこから脱したいし、自分たちで著作権をもっていきたいなと思っているので、だからそういう意味では、われわれの作品自体でお金を稼げるようにはなりたいとは思っていますね、自分たちがつくる。それはそれなりに投資しないとできないことではあるんですけど。もちろん簡単ではないし、できるのかどうかもわからないけれど、一応そこは目標もって、徐々にはやろうとはしています。今、配信も、自社制作ものはやっています、今。まだ、これから配信していくんですけど。（ともこさん）

放送局依存体質からの経済的独立が果たせれば、当然ながら放送局の枠組みのなかに取り込まれずに仕事ができる。番組制作会社の団体であるＡＴＰ（全日本テレビ番組製作社連盟）は放送のデジタル化によるコンテンツ制作増加を見据えて、90年代末に制作会社の著作権獲得を目指した行動を起こしていた（秋田・工藤１９９８）。しかし現状では、制作会社は、局系列であろうが、独立系プロダクションであろうが、放送産業という巨大システムの歯車の一部となっており、今、その歯車は限界まで擦り切れ、外れかけ、軋む音を立てている。ただ、ともこさんが期待するように、自主制作の動画配信が制作会社を歯車の役割から解放する救世主となるのかは今しばらく見極めが必要だろう。なぜならば、放送局からの受注額に相当する広告収入を稼ぐには、それなりの初期投資を行ったクオリティの高い映像をつくる必要があるからだ。過酷な自転車操業を続けている制作会社にその体力が残っているとは考えにくい。

5　若手が育たない働き方改革とデジタル化技術の功罪

放送局は戦後の優良企業としての名声を確立し、現在、働き方改革を推進している。ところが、放送局の局員が長時間労働をしない分、しわ寄せは下請けに来ているとあつしさんは感じている。

放送局も今、すごい守れってたぶん、言われているだろうから、結局守るためのしわ寄せを全部、下に下ろしてくるので、業界的には、そういうのを改善しないといけない、でも予算も下がってるっていうなかで、上は上で自分たちの利益とかそういうものを確保したうえで、下に来るんで、予算は上がらないまま、働き方改革は守らないといけないというのと、そもそも無理ですよねっていう。お金がないと、人もいっぱい呼べないし、人がいないと働き方改革はできないしっていう、局がそこの考え方をどんどん変えていってもらわない限りは、たぶん、業界全体は変わらない、変えられない。

(あつしさん)

十分なスタッフがいなければ働き方改革は難しい。多くの人材を雇う予算がないままの「働き方改革」のかけ声により、制作会社でも若いアシスタント・ディレクターには超過勤務を強いることができず、できる限り定時に帰さなくてはならない。しかし、そもそも番組制作の職場は長時間労働によって成り立っているため、仕事の途中で帰ってしまう若手たちは、全体的な仕事が覚えられないという事態が起きている。また、このような状況では、結局、勤務時間に制限のない管理職であるプロデューサーやベテランのフリーランスのディレクターにしわ寄せが来てしまう。

要は働き方改革ということをいいことに分業し過ぎて、お金も払えないから分業し過ぎて、番組を1本つくることを知らない。全体を見られていないんです。見えているのは私たちぐらいの、ちゃんとそれなりに裕福だったときのスタッフ。こっちが見て、私より上なんかはもっと裕福だったわけで、その人たちがデーンとのけぞって今もいちゃうから、俺がわかっているからいいんだ。俺が指示すればいいんだろう。これ、あそこ。そこ。それを駒のように動かしているから、その駒はいつまでたっても、ただの駒の歩でしかなくて。王将にはなれなくて。（くみこさん）

若いスタッフを駒のように扱い、パーツ業務のみを命じる前世代のやり方に対して危機感を募らせるくみこさんは、若手に考えることを失わせている最新の技術に対しても疑問を感じている。

機材は買ってもらえちゃうんで、あてがってもらえちゃうんで、それに任せればいいやとなっちゃうから、考えることをたぶん、失って、今の子はLINEをするから字を書けないんですよね。企画書を書いてと言うと、書けないですよ。書けないんなら言ってくれればしてあげるから言ってみて、と言うと、しゃべりもしないから言葉が出ないんですよ。でも、テレビは言葉で伝えなきゃいけないから、ナレーションを、書けないんですよ。どんなに機材は発展しても、なんか響かないんですよ。（くみこさん）

他方で、デジタル技術の発達については、別の意見もある。技術畑出身のあつしさんは、新しい技術に明るい若手が増えていくことで、脱テレビという方向性も含め、映像の仕事を変えていく可能性があると期待している。

昔と違ってディレクターが今、全部、編集したりとか、マルチにできる子というか、そういう子がどんどん増えていかないと、一定の予算のなかで、いいものをつくっていこうって言ったときに、どうしても限界が出てくるので。(中略)その人に全部お願いすれば、ほぼ完パケ仕上げてくれるみたいな、そういう人いるんで、そういう人と、どんどん組んで、いかに少数精鋭でつくっていけるかっていう。逆に言うと、そういうのを取り込んでやってかないとたぶん、今の予算規模で、さらに面白いものって言ったときに、たぶん、限界がどうしても出てくる。そういう新しい仕事のやり方を、見つけていかないと、たぶん、生き残れないんだろうなっていう気はしますね。(あつしさん)

2021年NHKがネット同時配信をスタートさせ、同年末から翌年にかけて各民放キー局の同時配信もほぼ出そろった。他の動画配信と同じ土俵に並ぶことを前提とした番組づくりを放送局から求められる時代、番組制作会社のプロデューサーたちは、この変化にどのような対応を求められていくことになるのだろう。放送局の目論見は、若年視聴者層の取り込みと言うが(電波新聞 2021)、そのニーズを満たすのに欠かせない若手人材の育成が滞っている現状をどう打開していくのか。放送のプラットフォームそのも

のが大きく変化している今、放送局と現場をつなぐ「中間管理職」として立ち回ることを求められてきたプロデューサーたちが、独立した真の映像プロデューサーとしてデジタル配信ビジネスの世界で活躍できるようになるには、抜本的な構造改革が必須であることは言うまでもない。

（花野泰子）

〔注〕

（1）1週間のなかで複数曜日の同時間帯に放送される番組が「ワイド番組」であり、ラジオでは1950年代から、テレビにおいても1960年代から「ワイドショー」として制作されてきた。2000年代になり、生活情報に寄りがちな「ワイドショー」からニュースを独自に解説する形式にシフトしていき、身近な生活情報から政治情勢までを幅広く取り扱う「情報ワイド番組」という名前が一般化した。出来事についてのVTRに交えて、出演者によるスタジオ・トークを展開することが特徴である（是永・酒井2007）。

〔参考文献〕

秋田完・工藤英博 1998「ATP（全日本テレビ番組製作社連盟）にきく 創り手の正当な『権利』を求めて――今なぜ番組製作会社が結束して〝アクション〟なのか！」『放送レポート』154号：24－33

是永論・酒井信一郎 2007「情報ワイド番組における『ニュース・ストーリー』の構成と理解の実践過程――BSE問題における『リスク』を事例に」『マス・コミュニケーション研究』71号：107－128

電波新聞 2021「【InterBEE特集】ネットの同時配信サービス進む――NHKや日テレが開始、若年層の視聴意欲向上を狙う」（11月17日）https://dempa-digital.com/article/252916（2022年1月10日閲覧）

2-4 職人として生き残るベテラン・フリー・ディレクターたち

ここでは、2-2で取り上げた30代ディレクターと対照的に、複数の番組制作会社から業務を請け負うフリーランスのベテラン・ディレクターにスポットをあてたい。20年以上のキャリアが彼らに与えたスキルと、自信に裏打ちされたプロフェッショナルな仕事ぶり、さらにプライベート・ライフもしっかり楽しむ余裕をもつに至った彼ら・彼女らの語りを聞いてみよう。

1 仕事と趣味が両立する仕事

かずひこさんは、おもに文化教養番組の演出を請け負う50代前半のディレクターである。大学では理系学部に在籍していたが、大学院で研究の道に進むよりはるかに幅広い分野の知識と格闘できる番組制作の仕事に魅力を感じ、卒業後は都内の中規模制作会社に入社した。わずか1年半でフリーランスに転向してから現在まで、一貫して正規雇用には就いていない。それは、企業を媒介しない形で契約を結ぶほうが純粋であるという思想からだ（とはいえ、実際のところ、放送局とフリーランスのディレクターが直接契約を結ぶことが難しいため、番組制作会社を間に挟んで仕事を請け負う形になっている）。毎回の番組づくりを、1本1本が研究論文を超えるような密度で取り組んでいるという。

それこそ僕は理科系だけど、どれも、たとえば政治も経済も全部、論文を書き続けていけるのが、いわゆる、正直、僕ぐらい頑張ってやるって、○○○〔放送局〕のあいうところからいくと学位論文よりは上じゃないとね。マスターチックなところに絡みに行かないとできないから。（かずひこさん）

おもに担当している放送局へアクセスのいい場所にマンションを購入し、妻とふたり暮らし。自宅の作業場には大きなモニターが数台、編集用のパソコン、音声収録も可能な高性能のマイク、そして本棚には専門書や学術書がぎっしり詰まっている。制作会社3社と仕事をしているが、打ち合わせや取材、スタジオ収録やポストプロダクション作業のために外出する以外は、ほとんど自宅で仕事をしているという。常時複数の企画を同時並行で走らせ、それぞれの進行具合により別々の作業を時間を区切って行っている。タイム・マネジメントもギャランティ管理もすべて自らコントロールする。

7時から朝ご飯なんです。なので、その前にとりあえず一つ、起きて、メールやりとりとか何かをして、7時からご飯をかみさんと一緒に食べて、かみさん送って、8時ぐらいから、だいたいこう。コロナになっちゃったから、だいたい、家でまずメール系統一式やりますよね。（かずひこさん）

その後はリサーチをして台本を書き、午後に打ち合わせに出かけたら、続けてもう1本打ち合わせ、夕方には帰ってきてメール仕事などして夕飯。三食すべて自宅で食べ、自ら料理することが多いという。ロケが始まる準備期間の第一フェーズはこのような日常だが、取材期間は出ずっぱりとなる。そして編集が始まると自宅PCか外の編集室で朝から晩まで稼働し続ける。4段階くらいのフェーズがある生活だが、それを3本同時進行で、時間帯によって割り振りし、複数の仕事をこなしていく。

40代前半のまゆみさんは、地方局の生放送の情報番組を担当している。スタジオのフロア・ディレクターを任され、放送当日のリハーサルの段取りから始まり、確認事項を放送開始までにきっかりすべて終わるように采配をし、社員ディレクターの台本の不十分な部分も指摘して直させる。豊富な経験に基づき、社員ディレクターにアドバイスする立場にもなっているが、彼女もまた3社の番組制作会社や派遣会社から仕事を受けていて、生放送の担当以外の日は、別の仕事をする。1年ほど社員として働いたことがあるが、その会社が潰れそうになり、そこからは再びフリーランスとなりここまで来た。

いや、もう必死でしたね。ここで失敗したら、フリーっていうか、あまりちゃんと所属して守られてるものがなかったので、ここで失敗したら、次仕事もらえへんかもしれんっていう気持ちでずっとやってきたから。（まゆみさん）

会社に守られることなく縁のあった仕事を真摯にやることでつないできたキャリア。自信がもてるようになったのは30代後半になってからだという。仕事に就いたきっかけは、専門学校時代にラジオ制作に興味をもったこと。アルバイトでラジオの世界をのぞき、その後テレビ番組の仕事に移った。ドラマの現場で昔気質の職人スタッフたちに厳しく鍛えられた経験もある。

たとえば山があって、田んぼがあって、山があったとして、こっちの山で撮影してて、向こうの山から、春なんで竹を切る音が聞こえたんですよ。カンカンって。平気で、あの音、止めてきてって言うんですすよ。（中略）

体力と精神ですね、本当に。映画がめちゃくちゃ好きとか、単なる役者が好きとかいうミーハーな気持ちでは、もう1日たりとももたへんし、ほんまに映画が好きって、この道でやっていきたいみたいな人が、これは続くんやろうなって思って、私はそういう気持ちで行ってないから、えらい目に遭いました。（まゆみさん）

撮影所の仕事は心身に負荷がかかる仕事だが、人脈は広がった。役者さんの扱いも覚えることができ、振り返れば現場での経験が蓄積され、仕事の糧となっていた。

そして、現在、レギュラーの生番組のほか、季節ごとの特別番組なども定期的に手がけ、さらには番組制作以外の趣味的な仕事のアルバイトもしているという。

この業界ってずっととらわれ過ぎてたけど、業界以外のもっとほかの世界も見ようと思って、私はすごい雑貨が好きなので、雑貨屋さんで働けばいいやんってなって。（中略）
ウインドーショッピングされる方の目の引かれるディスプレーの仕方とかが、テレビやってきてるので、どう見せたらきれいになるかっていうのはわかってるので、そういうので生かされたりとか。あと、広報の関係で、テレビ、マスコミにどういう見せ方をすればマスコミの人間は食い付くんですかねとかいう相談とかもけっこう受けたりしてるので、なんかすごい枠は広がったなと思って。立場がすごい変わるんですけど、マスコミの人間と、企業に対しての人間っていう立場で、今、仕事させてもらってて、だから、オンとオフって言ったら申し訳ないんですけど、切り替えがすごいできてて。（まゆみさん）

多忙な生番組などをこなしながら、毎週決まった曜日は雑貨屋で趣味に近い仕事をしているまゆみさんのような生活をしている人は、めずらしくないようだ。フリーランスではないが、東京の中規模（50人規模）プロダクションに所属する50代のけんいちさんは、このように趣味について語っていた。

自分でもYouTubeチャンネルやってたりしてますからね。（中略）趣味でギターを弾くので、その演奏をアップしてる。週2日分ずつ。歌わないとこがいいんです。全部ギター1本で弾くという。

前述のかずひこさんのように、研究論文のように番組をつくることで自分の趣味的な志向を満足させているベテランもいれば、まゆみさんやけんいちさんのように、週の決まった曜日を趣味に使うことに決めて、趣味と仕事を両立している場合もある。もちろん、このような日々の過ごし方に至るまでには、休みもまともに取れずに仕事に明け暮れた若き日々があった。

> 僕、独身なんですよ。（中略）やっぱり仕事でもうちょっとこうなってからだなとか思ってこうなってるが、次々いってるうちに機会を逸してしまったって感じかなあ。ＡＤみたいのやってたときは、ディレクターとしてもうちょっとちゃんとしてからじゃねえと結婚って言ってもなあって感じだったりとか。（けんいちさん）

40代、50代になってから働き方をコントロールできるようになったまゆみさんやけんいちさんは独身であり、かずひこさんは既婚ではあるが子どもはいないため、家庭責任は比較的少ない立場にある。ちなみに、3名ともにインタビューでは親の介護などの話題も登場することはなかった。

2　滞る若手育成

しかし、自分のペースで仕事をすることができているベテラン・ディレクターたちが、その充実感について語るのは、たいていが過去の時代についてである。

『〇〇〇〇』〔全国放送のニュース情報番組〕をやっていたときはけっこう楽しかったっていうか、充実したっていうか、自分も勉強になったというか。あれは週1のニュースのまとめの番組なので、実際はちょこっとしか素材使わなくても、一通りの素材全部チェックするんですよ、ニュースの。たとえばあの頃は北朝鮮の話題、けっこう多かったんですけど、拉致問題とかそういう。あと湾岸戦争だなんだとか、ああいういろんな素材がいっぱいくるので、それをみんなチェックして。あの番組まああ視聴率とか予算あったんで、そういうの全部チェックしていろんなのわかったうえで、ここが重要ねっていうのをやってニュースをまとめていくのは楽しかったですね。勉強にもなったし。何を伝えるべきなんだろうってことをみんなで話し合いながら。（中略）
視聴者にとってどれがいいとか、どう見やすいっていう目線のうえでは、ADだろうがディレクターだろうがプロデューサーだろうが出演者だろうが、『〇〇〇〇』の場合は平等だったんですね。こっちのが見やすいと思うとかそういうのが、なるほどとかっていう感じで。（けんいちさん）

2－1では、若手アシスタント・ディレクターが「仕事が断片的」であることで意欲をそがれている現状が述べられていた。また、2－2では、30代ディレクターが感じる局の上司と世代間ギャップによる感覚のズレや、局員の一言でVTR構成が変更されてしまうという階層性も描き出した。そうした状況とは対照的に、職位も雇用形態も異なるスタッフたちが自由に意見を出し合える、いわゆる「平場」の雰囲気が過去の番組制作の現場にはあったようだ。

在京キー局系列の大手プロダクションを引退し、現在はフリーで活動する60代のひろゆきさんは、局員と制作会社のディレクターとの関係について、このように語る。

現場は、優秀な人間は情報ワイド番組〈2-3で既出〉はやりたいと思わない。それはただのパーツでしかないじゃない。報道番組だって、そんなものはやりたくないってなるから、制作会社からすると○○○局〈在京キー局〉にいいプロデューサーっていうか、ちゃんと権限を与えてくれてやりたいことができる。そういう舞台をつくってくれる人がいれば○○○局でやるけども、そうじゃなければ△△△〈別の在京キー局〉とやろうとか、NHKとやろうとか、あるいはいずれにしたってそれぞれの発注側はものすごく縛りはあるから。この人とだったらいいな、なんていうふうには、なかなかなんないかもしれないけど、少なくともパーツでやってるような作品論がないようなことを、ドキュメンタリーをやるとかのディレクターだったら、レギュラーの報道番組ってまったくやる面白みはないと思う。

現在の情報番組の制作現場では、スタッフを一部分のみにかかわらせるようなスタイルが大勢を占める。しかし、それでは、若いディレクターが育つはずはない。長年、ディレクターとして活躍し、現在は大阪の小規模プロダクションを経営しているベテランのひであきさん〈60代〉は、若手育成の観点から次のように発言していた。

ＡＤさんがパソコンからリサーチ、パソコンでしてるっていう図がやっぱり多いですよね。（中略）昔やったら、ディレクターが仮編というか、仮編集する。本編前に編集するのに、後ろでＡＤが付いて、テープの出し入れしたりとか、何かせいとか言われて、ＡＤが付いて見てた。今は、もうみんな、ノートパソコンでやりますから。ＡＤが勉強する場ないんですよね。苦労してますよ、それは。本来で言うと、その辺を、われわれの考え方から言うたら、それは盗んでこいよ。盗めよって思うんですけど。今はそれを教えなあかん時代なんです。（ひであきさん）

フリーランスのかずひこさんには、20代の頃、フリーである自分に仕事を教えてくれた制作会社のプロデューサーがいた。そうした経験から、彼は現在、一緒に仕事をしているアシスタント・ディレクター（仕事を依頼してくる制作会社の社員）に対して、放送局に提出する企画提案書の書き方などを教えているという。後継を育てるためだ。

俺は、年間契約って言いながらフリーという立場だったけど、そこの会社のプロデューサーが単純に俺の能力だけ認めてくれて、本社員よりも俺にいっぱい教えてくれたからね。そういう意味で言うと、それはもう、社会的責任として。俺はチャンスをつかんだから、それは、俺は逆に、しにゃいかんと。

――（かずひこさん）

ベテラン・ディレクターたちが現在まで仕事を続けている原動力は「人間関係」だという。才能を見出しチャンスをくれた放送局員や上司のプロデューサー、そして時にはスポンサーなど、立場を超えて仕事人として評価してくれた存在にめぐり会えたかどうか、それが仕事の充実感をもたらしキャリアを紡いでくれるのである。しかし、自分たちの時代のような育ち方が難しくなっている現在、ベテラン・ディレクターたちは若手の将来を憂いつつ、自分たちにできることを模索している。

とりあえず僕なんか思うのは、うちの社員の子たちが、楽しい現場のなかで楽しい仕事ができたらええなというのが一番で思ってますので。それこそ上場するような会社になりたいとか、会社を大きくしたいとかっていうのも、何も思ってないんで。できる限りやっぱりこの現場の子たちがやりやすい環境をつくってあげれて、やりたい仕事ができるっていう会社が持続できればいいなとは思ってますけどね。（ひであきさん）

3　中堅世代の空洞化

アシスタント・ディレクターがパーツ仕事のみにかかわり、はたしてディレクターとして育つことができるのかを疑問視するベテラン・ディレクターの語りが多い。そのせいか、中堅世代（30代後半〜40代前半）のディレクター不足からベテラン・ディレクター頼りになっている制作現場は少なくないようだ。経営者でもあるひであきさんは自社についてこう語っている。

やっぱり業界、自分が思うのと違うって言うて、辞める子が多いです。当然。だから、今、だからね、〈ひであきさんの会社は〉正直30代っていうのがゼロですね。いや、だから上下ですね。真ん中いないんですよ。

また、文化教養番組を手がけるベテラン・ディレクターのかずひこさんの場合、仕事相手の放送局のプロデューサーはほぼ年下であり、キャリア的にも彼に的確なアドバイスや指示ができるような知識と経験を持ち合わせていないことも多い。放送局では、50代になると管理職的なポジションに異動してしまい、現場に出ることが少なくなってしまうため、同世代の局プロデューサーと仕事をする機会が減ってしまったという。逆に局の立場からすれば、30代〜40代の中堅ディレクターと仕事をしたくてもなかなかよい人材が見つからないため、ベテラン・ディレクター頼りになってしまうのであろう。このような構造により、番組制作過程で行われる局プロデューサーによるクオリティ・チェックは、ベテラン・ディレクターにとっては手ごたえのない場になっている。

正直、今、僕は53になって、業界、平成とともに働き始めたのでキャリアもありっていうことで言うと、正直、全スタッフのなかで僕よりキャリアがあって、僕よりもノウハウがある人はいないんですよ、正直。なので、明らかに、僕からしたら、何を別にチェックで指示されようが、そこじゃないんだよなっていうか、だいたい、見えてはいるんですよ、正直。その指示の間違いがどこにあってみたいなのもわかるんですけど。（中略）

あと、最近、すごくやっちゃいかんのに言うことが、「いやあ、上司が好きなんで、僕はこう思ってないんですけど」って言うんですよね。昔は絶対それは言っちゃいけなかったものが、昔は、それは、自分が思ってなくても「僕はこっちが好きなんです」って言い張ってたんです。上司がどう言ってようが、下に見える世界では、「僕はこっちが好きなんで絶対こっちにしてください」って言ってたのが、今はもう、「僕はかずひこさんのやり方でいいと思うんですけど、上司が言うんで、すいません、直してください」って恥ずかしげもねえことを。（かずひこさん）

制作現場には、さまざまな雇用形態や所属の人々が混在しているが、このように世代に目を向けてみると、中堅世代の空洞化という問題が明らかになってくる。さらに情報ワイド番組では、秒単位、分単位の視聴率を他局と争いながら日々の放送内容を決めている。スピーディな意思決定が必要になるため、末端の若手制作者たちは全体像を見渡す時間的余裕なく歯車となって働くことを強いられている。一方、キャリアを積んで実力があるディレクターにとっては、日々のニュースや生活情報を伝える情報ワイド番組は

魅力的な場所ではない。前述のひろゆきさんの言葉どおり、局のトップダウンによるクオリティ・コントロールが常態化しているからだ。

また、中堅世代の空洞化には、ベテランのフリー・ディレクターのようなキャリアの積み方が難しくなったことも要因であると考えられる。不況による雇用の悪化は、番組制作業においても多大な影響を与えており、同じ現場で同じ仕事をしながらも、正社員と契約スタッフでは異なる給与体系のもとで格差が生じている。自ら選んでフリーとなったベテラン世代とは異なり、30代後半から40代前半の非正規の契約スタッフに対して、会社が責任をもってディレクターとして育てる環境は失われつつある。30代後半を迎え、これからという年齢で業界から退出する方向に進んでいった元ディレクターのみほさんはこう語る。

ディレクターから降格させられて、ずっとデスクをやってたんで、AP兼デスクみたいなのやってて、それ、やりながらこれの『〇〇〇』(番組名)もやってっていうふうに言われて。すごい、え?みたいな。ディレクターやりながらAPやりながら、デスク業務してみんなの精算もやってたりとかしてた時期があって。そのプロデューサーからは、「あなた、ディレクターに向いてないから、そういうAPとかやったら?」っていうふうに言われて、「APとかだったら育ててあげる」みたいなことを言われたんですけど、もともと自分はそのためにこの会社入ってないから違うなと思って。そういう意識でこのままいても、この会社にいても自分辛いなと思って。だってディレクターとして認められてないから。だったら辞めたほうがいいかなと思って、辞めちゃったみたいな感じですね。(中略)

社員じゃないから別にどうとでも使える、みたいな感じですよね。〔制作会社の〕社員の子ですごい仕事できない子は、もう仕方なく育ててます、みんな。嫌々でも、なんか。〔中略〕

後輩の子で、社員じゃない子が、もう何年もやっててＡＤとしてめちゃくちゃ優秀だったんです、その子が。こんなに優秀なのに、駄目な〔制作会社の〕社員のＡＤのことをすごい教育してたりとかして、何なんだろうみたいな。〔その優秀な子は〕最近、ディレクターになったんですけど、でも社員じゃなくてたぶん、契約〔つまり、非正規雇用〕としてずっと。

みほさんは制作会社の非正規の契約スタッフであったが、ディレクターとして評価されず雑用のような仕事をたらい回しにされたあげく、結局退職の道を選んだ。もちろん契約スタッフのなかに評価の高い優秀な同僚もいたが、ディレクターに昇格しても非正規〔他社で仕事をしていないため、フリー・ディレクターとは言いがたい〕のままであるという。そのかたわらで、正社員として雇用されているそれほど有能ではないアシスタント・ディレクターのことは、周囲が必死で育てていたと溜息をもらした。入口〔正規か非正規か〕からの雇用差別が継続してしまうのは、制作会社の経営状況が反映されている。正社員を増やすことは人件費の増大となり、かといって労働者の権利は守られているため有能ではない正社員を切ることはできない。

雇用形態の垣根を越えて教育され、フリーランスとして成功したベテラン世代と比較すると、中堅世代の置かれてきた状況は厳しい。そして今、さらなる若手スタッフに関しては、常に不足しているアシスタント・ディレクターを補充するための派遣アシスタント・ディレクターが増え続けている。雇用主には彼らをディレクターに育て上げる義務はない。育たない若手、空洞化する中堅世代、はたして今後の番組制作の現場は誰が担っていくのだろうか。

（花野泰子）

2-5 小括

第2章では、実際に制作現場で働いているさまざまな立場の人々の語りから、テレビ局と番組制作会社の不条理なヒエラルキー構造とその弊害が明らかになった。1980年代以降のテレビの制作現場では、「視聴率至上主義」によるミクロな編成方針でマーケティングに根差した新たな制作技法を次々と導入し、番組制作における編集作業が著しく増加して、制作工程における作業は分業化された。その結果、現場で最下層に位置するアシスタント・ディレクターは取り換えのきく部品のような働き方を余儀なくされている。

テレビ局によって進められた制作の合理化とは、すなわち局による番組の一元管理である。部分委託を請け負う番組制作会社から送り込まれる若手スタッフは、番組全体を見渡す機会も余裕もなく業務に忙殺される日々を送っている。個々の語りからは、殺伐とした長時間労働の現場においても、ささやかなやりがいを頼りに日々の仕事をこなしていく健気な姿が見て取れたが、実際には末端の若手制作者たちは全体像が見渡せないままに歯車となって働かされ、入職して数年で辞めていく者が後を絶たない。地方での就業経験があるアシスタント・ディレクターが「人間でした、名古屋では。こっち〔東京〕は家畜みたいな」

（みさきさん）と語ったように、目の前のパーツ仕事に追われ、番組全体へのかかわりも薄いなかで番組制作の全工程を学ぶ機会は与えられていない。それが、現在の番組制作現場の哀しいリアルだ。

テレビ局と現場をつないでいるのは、番組制作会社のプロデューサーたちである。彼らは離職しがちな若いアシスタント・ディレクターや疲弊する若手ディレクターのケアに追われながら、ディレクター不足をベテランのフリー・ディレクターに頼って業務管理をしていた。さらに、テレビ局側のコストカットや配信事業参入等の業態転換に目配りしつつ営業活動も行うという、まさに「離れ業」をやってのけていた。制作会社のプロデューサーたちの悩みは深刻で、尽きることはない。一方、ベテランのフリー・ディレクターたちは、その様子を俯瞰しながら、かろうじて番組の体を保つ役割を担っている。テレビ番組制作の職人として重用されている立場にあるフリー・ディレクターのポジションを脅かす後進は、そう簡単には出現しないであろう。

テレビの黄金時代に局所属であれ番組制作会社所属であれ、雇用形態の垣根を越えて現場で徹底的に教育され、やがてフリーランスとして独立、成功したベテラン世代と比較すると、それに続く中堅世代の置かれてきた状況は厳しい。さらに深刻な現象として、若手スタッフに関しては「スタッフ派遣」という形で、労働力の補充要員としてのみ扱われる者たちが増え続けている。放送の技術スタッフ（彼らは、撮影や収録時のみ、または局のマスタールームでの送出業務等に従事するため、時間による勤務管理が可能）が対象だった派遣システムを、制作業務（業務内容が定型的ではなく、時間による勤務管理に向かない仕事）を行うスタッフにも適用したためであろう。今では、番組制作業務全体を受注していた制作会社が、経営安定の方策として、社員を身一つで放送局に派遣する業態に手を出し始めている。さらに、あたかも自社内での制作業務を請け負っているかのように装いながら、その実はスタッフ派遣ばかり行っているという会社も出現している。[1] 分業化された制作工程でパーツ仕事のために派遣され、予算や諸々の事情で不要となれば、即、派遣契約解除となる彼ら・彼女らには、テレビ番組を制作するリアリティや、ディレクターとして活躍する未来図は描けない。テレビ局やその下請け制作会社が行っている経営戦略は、若手を育てる余裕を失わせ、さらには、そもそも育てる義務さえも手放したことで、若者は離職し現場を担う中堅世代が空洞化するという事態に陥っていった。

テレビ番組の制作現場は、バブル期に全盛だったフジテレビの「楽しくなければテレビじゃない」[2] というキャッチフレーズが象徴したような「夢の工房」から、殺伐とした「番組制作工場」になりつつある。しかし、番組、そして映像を作り上げる仕事は、大量生産の工業製品のように、定型的な単純労働で同じ部品を組み立てるような類の労働とはまったく異なる。多くの情報を集め吟味し、外部の取材対象との交渉事をこなし、自らの考えを世の中に発信していく仕事であり、かかわるスタッフや出演者とのコミュニケーションも重要な要素となる複雑で体力の必要な知的労働であったはずなのだ。これらの仕事をパーツに分けて安い予算で発注し、その上がりを著作権とともに吸い上げて放送するテレビ局は、インターネットに奪われた収入の減少分を、下請けである番組制作会社で働く人々を搾取することで補っていると言ってもいいのではないか。元より「やりがい搾取」[3] の傾向が強かったテレビ番組制作の仕事ではあるが、搾取を了承せざるをえない要因であった「やりがい」さえ、今では容易に見出すことができないほど現場は疲弊している。

動画配信と放送が融合した新しいデジタル配信産業が形成されようとしている今、番組制作会社の人々を搾取しながら手にした映像を、著作権を有したテレビ局は地上波、BS、同時配信、アーカイブなどのチャネルに〝放ち〟、「放送」の枠組みを巨大化することで利益を守ろうとしている。だが現状を見る限り、新しい放送産業を支え、番組づくりを魅力ある創造的な仕事として希望する人材が育っていくのかどうか疑問を感じざるをえない。

次章では、テレビ制作を支える人々の職場環境に対する意識を探り、キャリア形成と人材育成に関する問題点をさらに詳しく検討していく。

〔注〕
（1）労働者派遣法に基づく放送技術スタッフや制作スタッフの派遣を行う84社が会員となっている「一般社団法人全国放送派遣協会」は、各テレビ局系列の大手制作会社や派遣専門会社、制作受託業務に加えて派遣業務も行っている制作会社などが参加している。各社が掲げる派遣マージンはおおむね25％から30％となっており、それが各社の安定収入となっていることがうかがえる。
（2）バブル期の1980年代に毎年視聴率三冠王を取っていたフジテレビが使用したキャンペーンのコピー。その後、経営悪化から日本テレビ、テレビ朝日と視聴率首位の座が移り変わっていった。経済不況によるテレビ広告費の落ち込みから視聴率への過度な依存への悪循環、テレビの番組制作という仕事に若者が〝夢〟をもてなくなり、人材の確保も難しくなっている（鬼頭 2009）。
（3）2000年代以降、正社員の雇用確保が負担になった日本企業は、安定雇用や賃金の保証なしに、労働者から高水準のエネルギー・能力・時間を動員しようとしてきた。同時に、「好きなこと」や「やりたいこと」を仕事にすべきというマスコミの喧伝や学校の進路指導により、若者たちのなかに「やりがい搾取」の素地がつくられていった（本田 2008）。

〔参考文献〕

鬼頭春樹　2009「製作会社の〝夢〟はどこにあるのか――『TVルネッサンス』をめざして（特集プロダクションの非常事態！）」『GALAC』477号：30－37
全国放送派遣協会「協会概要・協会会員」https://www.zhhk.or.jp/association/member（2022年6月11日閲覧）
本田由紀　2008『軋む社会――教育・仕事・若者の現在』双風舎

（花野泰子）

第3章

番組制作者たちの軌跡と仕事への意識

小室広佐子・林怡蕿

本章では番組制作会社に所属する人たちが、自らの仕事についてどのような意識をもっているのかを扱う。3－1仕事を始めてから現在に至るまでどのような経歴を経てきたのか（キャリアパス）、3－2放送局と制作会社の狭間で自らの立場や役割意識をどのようにとらえているのか（アイデンティティ）、3－3専門職としてのキャリア形成においてどのような問題が現れるのかについて、インタビューで語られた事柄をもとに分析する。この3点に注目することによって、番組制作における構造的な問題点を、現場で働く人たちのミクロの視点から探り出すことが可能になると考える。現在の放送番組、特に今回焦点をあてる報道番組、情報ワイド番組については、しばしば放送倫理上の問題が指摘され、問題の根源は「下請け構造」にあると指摘される。同一の仕事に臨む多様な所属・教育歴をもつ人たちの意識が、制作という過程にどのような影響をもたらしているかを解明する手がかりを見出したい。

3-1　一直線ではないキャリアパス

別に会社に愛はありません。だから、皆、しょっちゅう〔会社を〕かわったりしているのだと思います。（だいきさん　30代　ディレクター）

一般的に「放送局」に就職した人たちの多くは、「××大学卒業、○○放送局就職、その後、放送局内での異動、現在に至る」という数行の履歴となる。これに対して、制作会社に所属する人たちは、さまざまな途をたどって現在の仕事に就いている。ある者は、複数の制作会社を渡り歩き、また、同じ会社に所属していても、担当する番組ごとに異なる放送局で仕事をしている。本調査では、インタビューを行う前に、あらかじめ所属する会社、それまでに担当した番組、その際の身分や職種等について記述式調査票に記入してもらったが、複雑な職歴を把握するのに時間がかかるケースがあった。

当初本調査は、その対象を「報道」「情報ワイド番組」に携わった経験のある人たちに絞る構想であったが、多くのインタビューを進めるうちに「ドラマ」「バラエティ」「ドキュメンタリー」など、ジャンル横断的に制作の経験があることもわかった（みほさん、しょうへいさん、なおきさん、けんいちさん）。

番組制作会社で働く人々にとっての職場、すなわち属する制作会社、仕事場となる放送局、担当する多様な番組は重層的で、しかも、仕事そのものが映像制作から離れることすらあった。

この節では彼ら・彼女らがどのようにキャリアを築いてきたのかを詳しく見ていこう。

なお本稿では「番組制作会社に所属する人」たちとは、いわゆる番組制作会社の「正社員」に限らず、制作会社と雇用期間を定めずに雇用契約を結んでいる「非正社員」をも含める。「非正社員」とは、直接雇用の非正社員だけでなく、間接雇用の派遣労働者（派遣社員）、請負労働者（請負社員）、フリーランス（個人請負）などが含まれる（久本・川島 2008）。

1　広い門戸と口づての入職

学歴

数多い放送局のなかでもキー局に就職できるのは国公立大学、有名私立大学卒業者にほぼ限られる。放送局で映像制作に携わるデイレクター、プロデューサー職は、応募条件として原則「大卒」となっている。一方、制作会社へ就職した人たちの最終学歴は、「四年制大学卒業」に限らず、専門学校卒業や短大卒も含まれる。専門学校等で学んだ分野には、映像技術のほか、ミュージカルや美容など、映像制作という職業に直結しない分野もあった。また、家庭の事情で大学を中退した人もいた。短大卒のくみこさんは、テレビの仕事をしたいと思っていたが、ほとんどは四大卒が条件と知り、短大卒でも入れそうな制作会社を選んで応募した。以上のように、制作会社のほうが、放送局より教育のバックグラウンドは多彩である。

動機

番組制作会社で働く理由として、事前に配布した調査票の回答では「番組制作の仕事に就きたかったから」「専門性、自主性を生かせるから」「社会的に意義があるから」「放送局で働きたいから」のような理由が選択されている。なかには学生時代に放送関連の活動に参加し、関心や憧れをもった人たちも多く見られた。「放送部でいろいろやらせていただいて、就職活動もぎりぎり名古屋の制作会社さんに拾っていただいて」(みさきさん　20代　アシスタント・ディレクター)、「学生時代にドキュメンタリー映画サークルみたいなものもやってまして」(しょうへいさん　30代　ディレクター)、「大学付属の放送局で活動をしていたっていうような状況だったんですね。休み時間にラジオやったりとか、文化祭では音楽のイベントとか、イベント進行みたいなのとかやったりして、裏方で物をつくったりするとかっていうところのおもしろさはそういう部分で学んだ」(なおきさん　30代　ディレクター)などである。

人間関係がきっかけの入社

では、制作会社にはどのように入職するのか。

番組制作会社のなかには規模の大小にかかわらず、会社説明会を行い、エントリーシートを提出させ、実技試験や面接試験を実施している会社もある。しかし、制作会社への入職は、そうした一般にイメージされる新規学卒一斉採用ばかりではない。

ゆうこさん（50代　プロデューサー）は、学生時代に始めたアルバイトがきっかけで、そのまま制作会社へ就職した。

――1、2年から○○○○という会社（制作会社）でバイトをしてたんで。（中略）特に就職試験、ほかをどこか受けてってていうのもなく、何となくっていう。（ゆうこさん）

50代のプロデューサーともこさんも、「バイトしてる時期に、知り合った制作会社の社長に、『うち、来ないか？』って言われたのが、25で、そのときに就職して、就職活動したわけでは、実はあんまりない」と「成り行き」で就社を決めたと語る。他方で、テレビ局の採用試験に落ち、他の職業を経て、番組制作会社へたどり着いた例もある。

――テレビつくるんだったら、テレビ局に就職しないといけないと思って、テレビ局を軒並み受けたんですけど、付け焼き刃過ぎて、全然何もしてないし、全部落ちたんですよ。制作会社なんてあるなんて知らなくて、正直、勉強不足で。（なおきさん）

なおきさんはその後、他業種で働き、そこでクライアントとして出会った制作会社に自らを売り込んで、就社した。

番組制作会社に就職したケースを見ると、アルバイトとしての経験を含め、いずれも何らかの「人づて」であることがわかる。

2　十人十色のキャリアの築き方

多い中途採用

ひであきさん（60代　経営者）は、家業を手伝った後に制作会社へ就職の機会を得た。

――ちょっと家業のほう手伝って、ちょっと1、2年そういう形で手伝ったときに、ずっと「どこか入れてくれるところない？」って言うてたら、〇〇〇〇（制作会社）が拾ってくれたんです。（ひであきさん）

まゆみさんは、最初はスーパーに就職したが、「魚さばいてて、こんなんやりたいんじゃないのにな」と思い、大阪の専門学校に入学し、地方局でアルバイトをした経験をもつ。インタビュアーとして芸能人を取材した際、その仕事ぶりが注目されたのがきっかけとなり、「君はどこの所属やってなって、フリーでやってますってなったら、ちょっと大阪でも仕事してみないですかって言われて、それは（制作会社の）社員でって言われたんですよ」（まゆみさん　40代　ディレクター）。

制作会社には、別の業種での社会経験を積んでから就職する人も少なくないことが、インタビューから明らかになった。

転社・転職の裏事情

制作会社に就職して、そのままずっと同じ会社に所属し続ける人は稀である。今回のインタビュー対象者で経験が5年以上の人たちは、一度は会社をかわるか、フリーランスに転身している。昨今、どの業界でも定年まで同じ会社にいる人は減少傾向にあるとはいえ、制作会社では会社を移ることがより頻繁に起こっている。なぜ、彼らは会社をかわるのだろうか。またどのように移籍先を探すのだろうか。

14年の経験をもつ30代のディレクターゆうたさんは、制作会社Aで2年間契約社員として働いた後、いったん業界を離れ、制作会社Bで再度、映像制作に携わる。そこで2年間働いた後、また業界を離れ、その後も離転職を続け、現在は4社目に在籍している。

制作会社Aにいたときのディレクターさんが、今、人が本当に足りないから、制作会社B来てくれっていうふうにお願いされて。（しばらくして）制作会社B自体が経営が傾いてきちゃって。なので、朝の情報ワイド番組の間に、制作会社Cさんに拾ってもらったっていう感じです。（ゆうたさん）

また現場で声をかけられたり、仕事仲間のつながりから移籍への思いがつのり、異動した例もある。詳細は3－2で述べるが、制作会社への帰属感が薄いつくり手たちは、ほかの現場からの誘いがあればそれに応え、転職をキャリアの継続・人脈開拓の機会としてとらえて活用する。ひであきさんの移籍のきっかけは、「制作会社Dっていう、タレントさんのつくられた会社があったんですが、そこのスタッフと仕事したりする関係があって、うちに来てくれへんかみたいな話があって」と誘われたことだった。30代のだいきさんは会社にはすでに5、6年在籍し「恩は返した」と考え、「同じ番組の仲よくしてもらった先輩」の会社から求人が出ていることを知り、転籍した。この二つの事例では、制作会社への帰属意識よりも、人間関係をもとに仕事をする様子が見て取れる。

給料アップを望んで転職するケースもある。だいきさんは、制作会社は移っても同じ番組の仕事を継続するのだが、給料は上がった。「制作会社によるピンハネが減った」ためだと説明する。

前述のゆうたさんが話すように、会社の経営が傾く、合併するなど、本人の意思の及ばぬところで会社そのものの浮沈がある。この点は放送局の社員には見られない、制作会社特有の事情である。

番組単位の「就活」

制作会社の社員たちは、所属会社をかわるだけでなく、担当する「番組」をかえて、新たな職場を獲得していく。

――僕も面接はもちろん受けました。基本的に番組に来るときは皆、受けます。（中略）プロデューサーさんが、○○放送の場合、僕、夕方の情報ワイド番組と夜の情報ワイド番組のプロデューサー7人くらいに囲まれて面接しました。〔他局の〕夜の情報ワイド番組のときも面接しました。面接がないところは、たぶんないと思います。（だいきさん）

だいきさんは、ディレクターとしての適性について「面接」という形で現場上司（局員）から厳しい審査を受けたという。著名な番組担当のチャンスをつかむためには、放送局による厳しい選抜を突破する必要がある。

キャリア中断とカムバック

いったん就職したら終身雇用となる放送局社員とは対照的に、制作会社に属する人たちは、次の就職先を決めずに制作会社を離れたり、あるいは、一時離れて再び映像制作の仕事に戻るなど、帰属にかかわらない働き方をしている人が多い。

みほさん（30代　元ディレクター）は、学生時代にアルバイトで働いていた制作会社にそのまま「準社員」として就職した。しかし、自分に合った番組から別の番組担当となり、10年ほどの経験を積んだ時点で退社した。直接的な理由としては、アシスタント・ディレクターからディレクターになった後にディレクターを続けさせてもらえず「アシスタント・プロデューサーに降格」させられたことをあげている。

――だってディレクターとして認められてないから。だったら辞めたほうがいいかなと思って、辞めちゃったみたいな感じですね。（みほさん）

一方、激務の末、心身がもたず、キャリアの中断を図った人々もいる。

――もうこてんぱんにやられて、身も心も。それで、辞めたところで仕事がなくなったんですよ。（中略）あまりにドラマが過酷やったので、もう遊ぶしかないと思って、1年ぐらい遊びほうけてたんですよ。（まゆみさん）

その後、まゆみさんは「さすがにやばいなと思って、先輩に相談し」、別の制作会社に登録して、映像制作の仕事を再開した。そして自分自身を見つめ直して「好きなことをやろう」という思いで映像とは関係のない仕事に携わりながら、今度はフリーランスとして、気持ちの切り替えをしながら映像制作の仕事も継続している。

また、くみこさん（40代　プロデューサー）も、現場の激務に必死に耐えていたものの、自身の体の悲鳴を聞き「タンカを切って」会社を辞めた。

――30代の後半だったので、もういいかな、体力的に。あと休みたかったんですよね、ひどくなっていて。切れないし、死ねないし、どうしようかなと思って。とりあえず辞めて、失業保険をもらいながら病院に通って。（くみこさん）

くみこさんはその後再び別の制作会社に籍を置いて、フリーランスとして映像制作の仕事に戻っている。また、ワーク・ライフ・バランスを考えて、制作会社を退職して一般企業の広報部門に身を置いて映像制作に携わるという選択も見られた。海外ロケなど現場で充実した日々を経験していたが、子どもの誕生という人生の転換点をきっかけに、しょうへいさんは転職に踏み切った。「それはだから単純に、長期間家にいなくなるっていうのはもちろんそうですし、自分の体力、体力は別にそんなに考えないですけど、もうちょっと落ち着いてもいいのかなって思ってた時期だったので」（しょうへいさん）。

女性がライフイベントとして結婚や出産を機にワーク・ライフ・バランスを考えて働き方を変えるケースは従来多く見られたが、しょうへいさんのように男性の事例も見られる。制作会社に属する人たちは、男性も女性も、キャリアの変更を比較的容易に行っている。他方でそのことは、職業的身分の不安定さをも意味しているのではないだろうか。

フリーランスという選択

制作会社に籍を置くという場合にも、実はいろいろな働き方がある。制作会社の正社員となり、番組や局の選択は制作会社に委ねるのが基本的な形である。他方、放送局が個人事業主との契約を回避する傾向にあるため、フリーランスの人々は形式上、制作会社に所属する形をとることが多い。その場合、複数の制作会社と契約関係をもつことも可能だ。

フリーランスは自分で時間管理ができることが魅力の一つである。まゆみさんは、会社による管理から解放されることを望んで、フリーランスを選択した。

タイムカードで生活するのが、もう自分の性に合わなかったんですよ。この時間までいなきゃいけないって思ったら、やることが終わったとしても、その時間までいないといけないじゃないですか。でも、ここを割いて映画1本さえ見てたら、また考えが変わるかもしれないしと思ったら、時間がもったいないなと思って。（まゆみさん）

とはいえ、フリーランスは、実力次第で仕事が決まり、常に査定される立場にある。「いや、もう必死でしたね。ここで失敗したら、ちゃんと所属して守られてるものがなかったので」とまゆみさんはフリーランスにつきまとう危機感と緊張感を語った。

一方で、フリーランスをむしろ「安定した仕事」を得るための場だととらえる向きもある。現在、大手制作会社と組んでフリーのディレクターとして活動しているかずひこさんは、東京の制作会社でまず1年半アシスタント・ディレクターとして仕事を覚え、その後フリーランスになってアシスタント・ディレクターからディレクターに昇格。さらにその後、1年半地方の著名な制作会社Eで修業し、そこで演出のイロハを学び、再び東京へ戻った。かずひこさん（50代　ディレクター）は、フリーランスでしか得られない「安定」について次のように語る。

——たとえば、大きな会社に夢をもって就職して、こんな仕事がやりたいって、やれてるやつらがいったい何人いるのかって話でいくと、僕は27から今まで、同じように1時間番組つくり続けられてるわけですよ。超安定してますよね。

そしてフリーの醍醐味について、かずひこさんはこう語る。「好きなネタを聞いて、決めて、好きな人に、とんでもない世界のすげえ人のとこに会いにいって、話を聞いて、自分でまとめて、それに対してギャラが成立するって、25年以上それが安定してることって言えば、ほかの人のほうがよっぽど安定してないじゃないですか」。フリーランスの「不安定」というイメージとは逆に、専門職としての立ち位置を確立させた事例である。

制作会社に所属する人たちが会社を何度もかえたり、途中で休職したり、別の職に就く、あるいはフリーランスという選択をすることは、自分の気持ちに素直になってそのつど人生を選択していることの証でもある。それとは対極にある放送局で働く人々を、ともこさんは「スーパー・サラリーマン」と揶揄する。

——あの人たちはあの人たちで、ある意味スーパー・サラリーマンなんで、（中略）すごい縛られてると思いますよ。給料はいいし、待遇もいいかもしれないけど。そうじゃなくて、やっぱり彼ら会社のために生きてる部分ものすごく大きくある。（中略）本当に常にサラリーマンとして戦々恐々としてると思うし、だから私みたいにのん気に、やりたいことやれて楽しいっていう人、いないと思うんですよね。（ともこさん）

制作会社所属の人々には、放送局員とは異なり、「入職」の門戸が広く開かれている。そのため、多様な学歴、経歴をもった人材が仕事に就くことができる。近年評価されている多様性という観点からは、放送局より多様な職場と言えよう。一方、労働力の流動性はきわめて高い。制作会社を転々と渡り歩く人たちは、それぞれ「何もしてくれないのに給料のピンハネ率が高いから」（だいきさん）、「他から呼ばれたから」「会社が傾いたから」などを理由にあげる。日本では有名企業に就職した場合、その安定性ゆえ、簡単に会社をかわらないと言われてきた。放送局も例外ではない。だが、制作会社は、ごく一部の大手プロダクションを除けば、中小零細企業で、働く側としては、社のブランドやその待遇に固執する必然性はない。また、フリーランスになるために制作会社に籍だけを置く人もいる。

多様な背景と流動性こそ、制作会社に属する人たちの特徴である。そして制作会社への入職、会社をかわる、番組をかわる際に重要なのは、仕事仲間による「ツテ」であることが読み取れた。

〔参考文献〕

久本憲夫・川島広明　2008「番組制作における多様な雇用形態――中堅ラジオ局の事例を中心に」京都大学経済学研究科 Working paper J－68

（小室広佐子・林怡蓉）

3-2 働く人の意識

本節では制作会社に所属している人たちが、番組制作の現場でどのような思いを抱いて仕事をしているのかを、彼らの自己観察から探っていく。制作会社に所属する人たちは、制作会社と放送局の両方に関与している。すなわち制作する「番組」担当者としての所属と働く現場、給与をもらい人事管理される会社とが、ほとんどの場合一致していない。そこで本節では（1）制作会社は放送局の「植民地」、（2）視聴率至上主義のもとで、（3）仕事場と所属先のズレ、（4）低賃金と格差への不満、（5）報酬は達成感と臨場感、について、彼らの目線でたどっていく。

1　制作会社は放送局の「植民地」

第1章で詳述したように、制作会社のあり方は、誕生した当時から大きく変容した。局の系列下の「ハウスプロダクション」と、特定の局との系列関係にない「独立系プロダクション」が並存しており、最近では放送局による特定持株会社化が進行している。さらに、放送をとりまく環境が、DX（デジタル・トランスフォーメーション）と呼ばれる大きな変革の渦中にあり、放送以外の場面での映像コンテンツの制作、流通が急拡大している。

制作会社と放送局の関係を、制作会社に所属している人たちはどのように見ているのか。キー局系の制作会社で長年制作を担当し、退職後はフリーとして番組制作に携わっているひろゆきさん（60代　ディレクター）は、最近の放送局との関係を「植民地状態」と表現し、嘆いている。ひろゆきさんは、「もともとテレビ局と対等な形で、テレビ局は発信して、制作会社は物をつくるっていうプロフェッショナル集団であり、関係性は対等であるべき」だとしながらも、「対等になるどころか完全に子会社になって、ここの人事も完璧にただの植民地状態」と表現している。「植民地」という言葉は、自分の所属する制作会社はホールディングスを支えるためにあるグループ会社の1社であり、その方針は上が決め下は従うしかなく、文字通り自分も従属し、物の考え方も従属化している関係を指すという。そして、こうした関係に組み込まれたもとでの個人の意志の無力さを訴える。

結局、個人が今の世の中でアンテナ張って、これやりたいっていうのは通る時代じゃなくなってくるっていうか、競争するために何をやるかってのを決めるのが、局のプロデューサーと構成作家になっていくっていう流れが、僕の感じで言うと、1990年代後半からそうなってるんじゃないか。それがどんどん進んでっちゃうね。（ひろゆきさん）

このような「従属関係」はすでに20年以上も続いており、近年はさらに加速しているという。

放送局と制作会社の番組発注関係を見ると、系列のハウスプロダクションの場合、通常は親会社のキー局で放送される番組の制作を主とする。しかし、あつしさん（40代　プロデューサー）の会社では、親会社だけでなく、NHK、他の民放局で放送する番組も制作している。大型番組制作の場合には、中心となる制作会社は、自社スタッフ（社員、派遣、フリーなどさまざまな契約形態）に加え、他の制作会社にも発注し、それらを統括する役割を担うという。

一方、独立系プロダクションの場合は、複数の放送局の番組制作に携わるが、番組を丸ごと受注するというより、帯番組のある曜日を受け持ったり、担当のディレクターを派遣したりと、多様なかかわり方がある。

そうした放送局と制作会社の「植民地」的な関係は、働く人々の感情にも深く影を落としている。50代のディレクターけんいちさんは、「△△放送局の上から目線はとても働きにくい」と語る。50代のプロデューサーゆうこさんは「『俺がやらせてやってる』系の上から目線の人」と一緒に働くのが辛いと言う。

ひろゆきさんは、制作会社は「番組を受注するというといういわばテレビ局に従属している関係だった。発注側（テレビ局）に制作者に対するリスペクトをもっているのかと言いたい」と述べ、発注企業と受注企業が現在のような上下の関係ではなく、対等であるべきだと主張する。

2 視聴率至上主義のもとで

制作会社に所属する現場の人たちは、どのような思いを抱いて仕事に向き合っているのか、彼らの日常から探っていく。ここでは実際に朝、夕方に帯(月〜金)で生放送される情報ワイド番組を担当しているディレクターの働き方を「放送局」と「制作会社」との関係という視点で分析する。

第2章で紹介したとおり、帯番組には大勢の人間がかかわっている。今回の研究チームによる聞き取り調査によると、民間放送局のある早朝番組では、アシスタント・ディレクター100名(放送局員0)、ディレクター100名(制作会社5社以上、放送局員3名)、プロデューサー15名(すべて放送局員)となっている。

制作会社の番組制作へのかかわり方として、序章でも触れたとおり「完パケ」「一部完パケ」「制作協力」「人材派遣」などがあり、番組をどこまで完成させて納入するか、業務委託か人材派遣かなど、違いがある。情報ワイド番組に関しては、ハウスプロダクションや大手独立系プロダクションの場合、番組のある曜日1日分をまるごと任せられるような「グロス発注」で受注する場合もある。しかし、中小の独立系プロダクションには、1日分を丸ごと受け持つ仕事は回ってこない。30代のディレクターだいきさんは、「もう独立系プロダクションにそういう形でのグロス発注っていうのはないです」と細切れの受注状況を説明する。今日の番組制作の現場では、ある日の番組の「コーナー作成」のためにディレクターやアシスタント・ディレクターが制作会社から送り出されるのが実情だ。しかも「5、6分。最近、けっこう、短くなりました。2、3分が多いです」と説明するように、一つの番組にいくつもテーマがあり、各テーマもさらにいくつかのコーナーに細分化される。そのコーナーのVTR部分を制作会社所属のディレクターが担当する。スタジオトークの部分は、構成作家と呼ばれる人が進行台本を書く。それらを統括するのがプロデューサーの役割になるが、要《かなめ》の役割は放送局の人々が担う。結局、こうした情報ワイド番組の制作現場にいると、個別の情報の相互連関を考える術も、制作意欲も失われていくようだ。

――――――

優秀な人間はワイドショーはやりたいと思わない。それはただのパーツでしかないじゃない。ニュース番組だって、そんなものはやりたくないってなる。（ひろゆきさん）

――――――

「報道番組」の「情報ワイド番組」化、それに伴うコーナー化は情報ワイド番組初期の「木島則夫モーニングショー」の時代からすでに始まっていたとされるが、現在は、さらに、コーナーごとに担当者も担当制作会社も異なり、内容も細分化され、担当者は細切れのパーツのみを短時間で制作していくことを要求される。

そうした細切れのコーナーの制作にかかわるディレクターは、何を自らの仕事と考えているのだろうか。

――――――

毎日ついてるネタも違うなかで、面白いVTRをつくるっていうものに日々、全力を尽くしていたと思うので。（中略）一番大事にしてるのがVTRのファーストカット何で入るかっていうところは、みんな大事にしてるところなんですけど。それをちょっと変わったレポート、記者のレポートから入るとか。音楽とかも自分たちで決めたりとかするんですけど、こういう曲と一緒に乗せてVTRつくったら面白いんじゃないかとか。（中略）でも社内的にも、また面白いもんつくってるなってなんか思ってくれたり。（しょうへいさん　30代　ディレクター）

ディレクターは1日の番組のあるテーマのあるコーナーの面白い「画をつくる」ことに注力する。そしてその評価は、すぐさま視聴率という数字として表れる。また、「数字を上げる」ための手段は、内容だけが勝負ではない。各局が同じ時間帯に同じような番組をやっているだけに、「どこでコマーシャル入れてたかな。もうちょっとうちは遅らせようとか、もっと早くしようとかっていう、くだらないCMの位置を考えてみたりとか、番組本体っていうより」（ひろゆきさん）というような操作もあるという。そして制作会社にとっては、コーナーの視聴率が「上がったV（VTR）をつくっているのかつくっていないのか。1分ごとに出るので、5分のVTRつくったらその頭とお尻が上がっているか上がっていないか出ます」（だいきさん）という状況下で、視聴率の上昇下降が、すぐさま評価につながるという。

担当したコーナーがどれだけ視聴率を稼いだかが、分刻みの視聴率グラフによって明らかにされ、数字によって月末に局から金一封が出される仕組みだ。その結果ディレクターは、いかに人目を引く映像やコメントを盛ったコーナーをつくるかに、力を注ぐことになる。

3　仕事場と所属先のズレ

同僚

制作会社所属の人たちは誰と一緒に働いているのか。

番組づくりに携わるディレクターの仕事には、多くの工程がある。アシスタントカメラマン、カメラマンらと一緒にロケに出る。戻ってくれば編集マンに指示を出す。出稿部から原稿をもらう。ストック映像を探す。原稿と映像を合わせる。使用する映像に許諾やぼかしの必要がないかを確認する、いわゆる「チェッカー」と呼ばれる担当に見てもらう。ナレーターに原稿を渡す。テロップ入力者にテロップ原稿を渡す。このような一連の作業はたくさんの職種、人々がかかわっている。さらにスタジオや調整室には、タイムキーパー、テクニカルディレクター、照明、スタジオカメラマン、アシスタント・ディレクターなどもいる。同じ日に別コーナーを制作しているディレクター、曜日デスク、番組デスク、番組プロデューサーなどとのやり取りも必要になる。

これら多様な職種のうち、番組プロデューサー、番組デスク、曜日デスク、チェッカーなど番組の要にあたる職は放送局員が占める。カメラマン、編集マン、タイムキーパーなどその他の職は、それらを専門とする制作会社の人間が占める。アシスタント・ディレクターやディレクターのなかには新米の放送局員も混ざるが、大多数は制作会社の人間である。いくつもの制作会社所属のディレクターがそれぞれのコーナーを担当している。なかにはフリーランスも含まれる。つまり、1日分の番組の制作は、放送局員、複数の制作会社の正社員、非正社員、フリーランスなどが混じり合った混成部隊によって成り立っている。

働く場所

制作会社の人たちの名刺は、通常2種類ある。「○○テレビ『番組名』ディレクター　名前」というものと、「○○制作会社　名前」というものだ。制作会社所属であるにもかかわらず、「勤務先は○局、名刺も○局」（あやかさん　20代　アシスタント・ディレクター）という例もあった。取材の際、制作会社の社員と言うとインタビューを受けてもらえず、門前払いを食らった経験を語った人もいた（たくやさん　30代　ディレクター）。制作会社所属の人が2種類の名刺をもつ理由はこんなところにあるようだ。

所属する制作会社のオフィスには「行っても半年に1回くらい」というだいきさんは、会社には「別に席もありません。（中略）本当に籍を置くだけという感じ」と話す。「僕らはもうばらばらです。会社として〔仕事を〕受けているのではなくて、僕らがニュース班に派遣されている感じです」（だいきさん）。

仕事場と所属先とが必ずしも一致していないのが、制作会社に属する人たちの特徴である。

帰属意識

局系列の番組制作会社が丸ごと一番組を受注する場合は別として、今回取材対象となった中小の独立系プロダクションに所属する人たちにとって、日々顔を会わせて仕事上の苦楽を共にするのは、「番組」制作に共にあたるチームメンバーである。同じ制作会社のメンバーがチームにいたとしても、それは偶然で、制作現場では「制作会社」を単位とするチームは存在しない。彼らにとって、担当する「番組」への帰属意識は強いが、所属する制作会社にはめったに行かないし、帰属意識は多くの場合、希薄だ。だいきさんは「別に会社に愛はありません」と言い切る。

4　立ちはだかる見えない壁

見えない壁

制作会社に所属する人たちが、同じ番組を担当する人たちと毎日顔を合わせることから所属を超えて仲間意識をもっているとしても、同じ番組を担当する放送局員と制作会社に所属する人たちの間には、見えない「壁」が存在していることも語られた。

――局員と制作〈会社〉っていうので、またそれは壁があるというか、ちょっと雰囲気が違うなとは思っているんですけど。（れいなさん　20代　ディレクター）

ある放送局では「入館証を首から下げる紐の色で放送局員と制作会社の人の区別がつく」（ゆうたさん　30代　ディレクター）そうで、メーリングリストで配信される情報の範囲も、放送局員と制作会社の人とでは異なり、同じ仕事をしているのに必要な情報が届けられないことがあるという。

身内じゃないっていう意識と、身内と言えば身内みたいな意識と、都合よく使われるんですよね。排除されるときは排除されるし、いるときは使われるし。（とおるさん　30代　記者）

たとえば、新型コロナウイルス感染症対策の情報に関しても大きなギャップがあったという。「命にかかわるような情報なのに、なぜ派遣スタッフには見せないようにするんだろうっていうところで、ものすごく憤ったことを覚えてます」（とおるさん）。

日々働く現場では、混成部隊で成り立つ「番組」チームとして一体になって働いている。しかしそのなかで、「放送局員」という集団と、「制作会社に属する人たち」という集団の間には、見えないけれど厳然とした「壁」が存在しているのである。また、この二つの間には上下関係があり、あるプロデューサー（男　50代）は、「実働部隊は、主力はほぼ制作会社の人だったり、フリーランスの人だったりに頼っている し、辛めな仕事ほど制作会社の人がしていた」というように、仕事の割当にも上下関係が影響すると証言した。

自覚されない雇用形態

制作会社に属する人たちのなかには、自分がどのような形で雇用されているか、雇用形態を自覚していない例がいくつも見られた。つまり制作会社の正社員であるか、有期契約であるか、何なのか、本人が認識していないのである。だいきさんは、今回のアンケート調査で聞かれて初めて自身の身分について調べてみたと言う。

制作会社の社員契約か。わかりません。（だいきさん）

社員でもないし、今、思うと、契約書も交わしてないし、明細書も2年ぐらいもらってなかったです。〈どういうこと？〉わかんないです。（みほさん　30代　元ディレクター）

私は1年ぐらい働いてたんですよね。この間、封書でやっと雇用契約書が届いて、2カ月ぐらい前ですけど。それを見て、こういう雇用形態というか、こういう条件なんだな、こういう給料の計算方法なんだなっていうのを知ったっていう感じで。適当な業務管理です。（とおるさん）

制作会社に所属する人たちは、現場で日々仕事に追われて、自らの労働条件に無頓着になりがちだ。通常の職場ならば、日々働く職場と所属先が同一のため労働条件や職場環境に関して社員同士で自然に情報交換ができる。ところが制作会社に所属する人たちの場合、各人の現場が異なり、入れ替わりも激しいため、社員同士でつながることもできないまま、自分の置かれた状況を確認する機会もなく、疑問さえもたず、あるいは疑問を放置してしまう恐れがある。

5　低賃金と格差への不満

放送業界は労働環境がブラックだと言われてきたが、「働き方改革」が放送現場にも少しずつ浸透し始め、制作会社所属の人たちも、労働時間が管理されるようになってきた。

とはいえ、朝の生放送前には、編集作業やナレーション入れなど徹夜で作業が続く。以前に比べれば状況がましになったとして、徹夜の長時間作業をあまり苦と感じない風土もまた問題であろう。

あつしさん（40代　プロデューサー）によれば、働き方改革によりアシスタント・ディレクターなどは早く帰さなければならず、フリーや外部のディレクターがしわ寄せを食っており、プロデューサーである自分が一番長く会社にいたりするという。

さらに、番組づくりの工程が変わったわけではないのに働き方改革で労働時間を減らすことが現場に大きな戸惑いをもたらしていると、あつしさんは指摘する。「予算は上がらないまま、働き方改革は守らなくてはならない」が視聴率を取る番組をつくれ、というジレンマに陥っている。

とはいえ昨今の「働き方改革」の潮流と自身が年齢を重ねたこともあり、あつしさん自身も徐々に働き方を変えようと意識するに至った。

今回のインタビューで最大の問題として多くの人が声を大にして訴えたのは、労働時間ではなく、賃金に関する不満であった。

賃金への不満

インタビュー対象者たちは、働き方改革関連法の目玉の一つとなった「同一労働同一賃金」の原則からは程遠い、放送局員との賃金格差に強い不満を抱いている。これまで見たように、ディレクターとしての仕事に対しては、自負をもつ語りもあったが、賃金に話が及ぶと厳しい言葉が並んだ。

事前アンケートによると、彼ら・彼女らの年収は経験年数にもよるが20代、30代のアシスタント・ディレクター、ディレクターは400万円以下、30代後半から40代のディレクターで400万~600万円ほど。ただし、フリーランスや制作会社幹部で一定以上の年齢層のプロデューサーのなかには、1000万円を超える人もいる。

賃金に対する不満は、若いアシスタント・ディレクターだけではなく、現場で経験を積んだベテラン・ディレクターも、長期的な人生設計が難しいと嘆く。

不満はありますよ。それは、やっぱり給料ですよ。（中略）制作会社のなんと言っても限界的な部分だと思うんですけれども、特に僕らみたいなおっきな制作会社じゃないし、ほとんど、テレビ局の子会社じゃない限り、そんなに体力って別にあるわけじゃないので、そのときに、制作会社が、今うちの、これからも含めて課題になってるんですけれども、ディレクターでずっと食べていくには、難しいんですよね。（なおきさん　30代　ディレクター）

なおきさんはずっとディレクターの仕事を続けていきたいが、それでは給料が上がらず、先の見通しが立たないと嘆く。

仕事がキツイわりに給与が低いため、幻滅をして辞めていく。社員の定着率の悪さには、こうした背景もあるのだろう。けんいちさんは、自ら「独身なんです」と話を始めた。その理由を問うと、「ADみたいのやってたときは、ディレクターとしてもうちょっとちゃんとしてからじゃねえと結婚って言ってもなあって感じ。(中略)収入的なこともね。もっとばっかんばっかん稼いでたら」と、収入の低さによって家族をもたなかった、あるいはもつ自信がなかったことを語っている。

格差への憤り

賃金に関して彼らが強調したのは、同じ職場で、同じディレクターあるいはアシスタント・ディレクターの仕事をしているのにもかかわらず、制作会社の人の給与は、放送局員の2分の1、もしくはそれ以下と感じていることだ。

やっぱり正社員との極端な給与格差っていうものに、そういうものが気になってくる。民放ってけっこう、人事異動が多くて、営業部門から報道に来るとか、総務から報道に来るとか、そういう人もたくさんいるわけですよね。(中略)全然、報道経験がなくて、報道職場に配属されてくるテレビ局の正社員よりも、私、〔他社での経験もあるので覚えが〕早いんですよ、どうしても。だから、やっぱり、そういう社員を見てて、なんで、この人、こんな高い給料もらってるんだろうって思ったり、そういう気持ちは思ってしまいますね、どうしても。(中略)だんだん、働いたら負けだ、みたいな感覚に陥ってくるんですよね。頑張ったって別に金銭という対価は得られないのに、それだったら、あんまり働かないようにしたほうがいいんじゃないかって思って。(中略)搾取されてるっていうふうな感覚に陥ると、本当に心がざわざわして、いいように使われてるだけだ、とか思い始めて、辛くなるんですよね。(とおるさん)

6　報酬は達成感と臨場感

賃金という働く者にとって重要な問題に不満をもちながらも、彼ら・彼女らは懸命に働く日々を送っている。その原動力となるのは何だろうか。

視聴率という数字だけではなく、取材対象、視聴者、上司からの反応などにより、社会的に意義のある番組をつくったことが確認できたときには充実感があるという。社会正義、創造的能力の発揮、有名人との接触など、充実感を味わう要素は多くあり、「こんなに充実している仕事はそうはない」(だいきさん)と言い切る。中堅、ベテランのディレクターになると、職人的な画作りのスキルを身に付け、日々それを磨いてもっとよい番組をつくりたいと考えている。彼らの日々感じる「やりがい」や「向上心」については、第2章で詳細に述べたとおりである。

他方で、彼らは数分間のコーナーを制作するために、日々、放送時間ギリギリまで追い込まれている。

ものによるんですけど、ひどいときは、放送流れてる最中に、ロールの後ろのほうのＶＴＲが完成したりっていうことも。（ゆうたさん）

ニュースのときは特にそうですが、間に合った、放送できたというのはもちろん達成感はあります。（だいきさん）

そんなにまで時間に追い込まれ、しかも視聴率を要求される状況のなかで日々仕事をすることに対して、制作会社の人たちはどのように感じているのだろうか。

しょうへいさんは、かつての自分も含めた制作会社の人が、生放送送出時にどのような心境になるのかを次のように解説した。

毎日、そういう生放送が好きでやってるっていう人、けっこういて。何が楽しいんだって言うと、常にリアルタイムで物事が起きている。

報道番組、情報ワイド番組は基本的に生で放送される。そのこと自体が刺激的だと感じているようだ。

時間に追われて字幕を生放送のオンエア中に手動で入れる、そのときの感覚がけっこうドキドキするし、たまには間違っちゃったりとかするんですけど。そういったものが好きでやってるって人も、もちろんいますし。そういう緊張感、自分の担当が終わると達成感っていうか、とにかく100%に近づけるように頑張ったよね。じゃあ明日も頑張ろうっていう。（しょうへいさん）

生放送ならではの、ドキドキした臨場感こそ達成感につながり、それがあるからこそ頑張れると幾人ものディレクターが話す。時間のないなかで必死に頑張る、そして時間に間に合って放送できたことが達成感になるという。これはある種の中毒症状とも言える。しかし、こうした現場の臨場感は、操作ミスやチェックが行きわたらないという放送事故と背中合わせでもある。臨場感のもたらす効能はあるとしても、それが番組の質の向上にどこまで貢献しているか、あるいはマイナス要因になっていないかについては、再検討の必要があるだろう。

制作会社に所属する人たちは、自分たちは「番組」に所属していると誰もが述べている。毎日顔を会わせて苦楽を共にして働く仲間は、同じ制作会社の人間ではなく、担当番組の人々である。そこには、放送局員、他の制作会社員、フリーランスなどが集まっている。よって番組として「チームワーク」は成り立っているはずである。しかしよくよく聞いてみると、放送局員と制作会社に属する人たちとの間には、見えない壁が厳然と存在する。「現場では扱いに差はない」（ゆうたさん）と言うが、その一方で、局員とその他の部外者とは、微妙な点で判別される。たとえば、ＩＤカードを首からさげる紐の色、特定の部署に入る方法（暗唱番号によるか、IDカードによるかなど）。何よりも賃金には歴然たる差がある。同じ場所で同じ仕事をしているように一見、見えながら、実は局員と制作会社の間には厳然たる「違い」がある。この見かけと実態の二重構造が、本当に助け合う「チームワーク」を醸成する妨げになっているのではないだろうか。

本研究のインタビュー調査から、一つの制作現場は「チーム」であることがわかった。そこは「カメラマン、ライトマン、音声ミキサー、編集マン、ナレーター、アナウンサー、ディレクター、プロデューサー」など専門の異なる人々で構成される。この点は、医療現場など他の業種にも共通して見られる。ところが番組制作現場で明らかになったのは、ディレクターもしくはアシスタント・ディレクターなど、同一の仕事をする人々のなかに、所属や雇用形態が異なる人が混在し、その差異により現場での扱いや賃金体系などが異なる実態だ。すなわち一つのチームのなかで同じ仕事をしながらも「見えない壁」があり、しかもヒエラルキーとして強固な壁が存在していることが、今回の調査から見出された。

（小室広佐子）

〔参考文献〕
浮田哲　２００９「ディレクターから見た番組制作現場」『放送レポート』２１８号：12－17

3-3　「プロの制作者」への道のり

今日の放送業界の現場では制作会社の人々がなくてはならない存在となっており、番組制作の主力は制作会社の人々であると言っても過言ではない（久本・川島 2008、浮田 2009、浅利 2008）。本節では番組制作主体である制作会社の人々の専門職としての一面に焦点をあて、彼らがどのように「プロの制作者」になっていくのか考察する。

まず番組制作にかかわる専門知識の教育をめぐる現状をとらえ、そこから職業集団（同業者コミュニティ）への準拠問題を取り上げる。次に「番組制作者は誰のために番組をつくっているのか」に焦点をあてる。最後に番組制作者の抱える葛藤を見ていく。

1　職業人教育

プロフェッション、すなわち専門職業人を養成する主要条件は、高度な専門知識の体系的な習得および職業集団の存在である。今回のインタビュー対象者の多くは、欧米の一部に見られるようなジャーナリズム専門の実践的教育を受けた人は少ない。つまり、専門知識やスキルがないまま入社し、現場に放り込まれるというパターンが多い。この傾向は、メディア企業全般に言えることで、本調査においても、番組制作会社もこの例に漏れないことが明らかになった。

研修は最低限

制作会社に所属する人たちのほとんどが経験する教育方法は、入社前の研修およびオン・ザ・ジョブ・トレーニング（OJT）と呼ばれる現場での実地訓練だ。現場の仕事を通して、スキルを一から学ぶやり方である。しかし、それすら受けていない事例はインタビューのなかにもある。

> 研修がないんですよね。多少、引き継ぎ的なことはあるんですけど（中略）ほかのADさんもいるなかで、助けてもらいながら動いてくっていう感じですかね。〈ADからDに上がったときの研修〉そういうのもなかったですね。（ゆうたさん　30代　ディレクター）

一部の大手の制作会社では、内定が決まった後に新人研修を行い、業務の基礎と社会人としてのマナーを学ぶ機会を用意している。しょうへいさん（30代　ディレクター）は、「内定者に向けて実演というか、カメラの使い方とか編集の使い方とか、あとマナーとか」と語る。20代のれいなさんも、同じく内定が決まった段階から月に1回というペースで勉強会が行われると言う。「企画の出し方とか、取材の仕方とはまたちょっと違いますけど、マナーみたいなものとか。あとちょっと用語を勉強するとか、はけるとか、上下とか、なんだとか、マニュアルはもらいました」。

全体研修のほかには、「基本的にこの新人さんにはこの人が面倒見るみたいな」（しょうへいさん）メンター制度を設けている制作会社もある。この制度を設けるようになったきっかけは、業界全体の離職率と定着率の悪さが一因としてあるとしょうへいさんは指摘する。しかし、入社後の全体研修は、多忙な現場でどこまで実効性があるか疑問の声も上がる。

入社してすぐの3カ月は研修期間と言われて、パソコンができない子とか、最低限の業務に対する、編集のファイナルカットとかプレミアとかという研修は、一応、建前上はありますね。（中略）番組に配属されて、自分がADの作業をしながら、何時から何時まではここ開けてと上からドカンと来て、はい研修と3時間でバーッと教わって、それを応用することもなく、また自分の業務に戻されちゃうので、それは研修と言うのか。（みさきさん　20代　アシスタント・ディレクター）

朝の帯の情報ワイド番組に携わるゆうたさんによると、番組主導で「基本的なルールは、1回、講習みたいなの、一応、開かれます」。主な内容は「まず、服装はとか。あとは、ここはカメラ回していいけど、ここはカメラ回しちゃいけないっていうのは、議員宿舎とかだとあるので。あと、政治部さんにちゃんと通してから腕章もらってとあるので。そういう基本的なルール」だという。先輩から後輩へと伝授される内容は、日々の仕事の回し方、局内、系列局への許諾の取り方などである。

入職前も番組に付いてからも、研修があるとしても最低限の機材の使用法、マナー、職場の慣行などであり、「ジャーナリズム」「報道の役割、倫理とは」に関する研修は行われていない。

また、取材に関する局の講習は多くの場合現場のベテラン記者が担当する。なかにはBPO（放送倫理・番組向上機構）*に指摘された事例を題材にし、災害現場での取材に関するマニュアルが提示されることもある。しかし、研修の結果が現場での判断の指針につながるかは不明瞭で、多くの場合はつくり手個人の倫理的な判断に委ねられる。

僕ら、〈取材相手を〉泣かそうとはするんですけど、正直、画的なものがあるので。でも、無理はしないようにっていう線引きとかっていうの、わりと自分でやっているかなと思うんですけど。僕もその辺の線引きは特に習ったわけはなく、駆け引きとか、取材で、自分で考えてやってます。（ゆうたさん）

制作会社のつくり手は、所属する制作会社の移籍だけでなく、担当番組や出向局がかわることは頻繁に起こり、職場環境の流動性がきわめて高い。そうした業界での研修が現場任せであることは、一度得た知識や技術が蓄積されにくいことにつながっている。今回のインタビューでは、多くの現場では誰かが責任をもって人を育てるシステムは存在していないことが明らかになった。このように専門知識の教育が提供される環境ではない現場に身を置く制作会社の人々には、キャリアの入り口から困難が待ち受けているこ

とが想像できる。

根強いOJTの伝統

教育体制の不在によって制作会社所属の人たちが大きな心理的負担を抱えるなかで、仕事を継続させるスキルを教えてくれるのは、局と制作会社から集まった多様な人材である。

――派遣の会社は、基本的には、テレビをつくるときのあれこれは、番組に行ってから、番組の先輩やディレクターに教わってという感じです。（だいきさん　30代　ディレクター）

制作現場では、一つの番組を完成させるべく多くのノウハウや経験が伝授され、会社の垣根を越えてチームワークが形成される様子がうかがえる。異なる経験やノウハウの持ち主との協働のなかで、責任感や番組への帰属感が生まれ、それが3－2で述べた制作会社への帰属意識の低さを補うことになる。

＊ＢＰＯ（放送倫理・番組向上機構）：「放送における言論・表現の自由を確保しつつ、視聴者の基本的人権を擁護するため、放送への苦情や放送倫理の問題に対応する、第三者の機関」で、「主に、視聴者などから問題があると指摘された番組・放送を検証して、放送界全体、あるいは特定の局に意見や見解を伝え、一般にも公表し、放送界の自律と放送の質の向上を促す」ことを目的としている。放送事業者が自主的に設置した第三者機関で、政府の規制に先んじて自らを律する「自主規制」的側面がある。加盟はＮＨＫと民放連および民放連会員社の２０５社（２０２１年４月現在）。

局のD〔ディレクター〕が育ててくれたんで。厳しかったし、そういう人に怒られると、今、思えばですけど、人間なんで、相手も。思い切り感情論をぶつけて、上に怒られた分、ぶつけてくるので。（みさきさん）

全部現場の、それこそ他社だったり、自社だったりの先輩だったりっていう、ないまぜになった状態のなかでの、現場の先輩から教えてもらったっていう構図ですね。（なおきさん　30代　ディレクター）

このように、現場でのトレーニングは、同じ番組に携わる他の制作会社の人たち、放送局員、フリーランスなど、さまざまな人たちによって行われていたことがうかがえる。

そんななか、稀なケースだが、制作会社に育ててもらったと語る事例もある。しょうへいさんは、自分の制作手法のベースとなるものは社長からの伝授であると語り、会社に育ててもらったことに感謝すると同時に、後輩の育成に対してある程度責任を感じている。

本当の師匠みたいなの、うちの今の社長に教わりました。ノウハウみたいなところは。〔海外ロケ一緒に行って〕そこでいろいろ取材のノウハウとか、取材交渉の仕方とか、そういったもの一通り学んだりとかして。（中略）すごい勉強になって、それが基本ベースになってるのかなと思います。自分のつくり方っていうか、そこのベースになってたと思います。

会社にしっかり育ててもらったしょうへいさんは、その能力が放送局で評価され30代後半でチーフディレクターに昇格。報道番組とドキュメンタリー番組の制作を任され、キャリアと経歴を順調に積み上げてきた。しょうへいさんの事例から見ると、ＯＪＴを通して制作会社への帰属意識をもつことができ、それが会社の後輩育成という組織の仕事へのコミットメントの意欲を高めていることが推測できる。しょうへいさんの事例も、前述のなおきさんとだいきさんの事例もＯＪＴはある程度職業集団への準拠意識を形成させる役割があると考えられる。

研修をめぐる重層的な壁

インタビューで多く聞かれたのは研修をめぐる壁である。

テレビ局の局員は制作会社に所属する人たちを教育する人材というより、使い勝手のいい駒と見なしているという声がある。「簡単に言えば（われわれ制作会社の人間が）使い勝手のいい感じなんですけど」（たくやさん　30代　ディレクター）と。テレビ局の局員の間には、直属上司が後輩を教育し、信頼関係を築いていくという明白なルートがあり、「チルドレン化」とも言われる現象が見られる（みさきさん）。その一方で「制作会社のディレクターのことは育ててないですね。こっちは制作会社の、あなたのお手伝いみたいな感じなので、あちらからしたら、あんまり評価は高くないと思います。制作会社の人間って」（くみこさん　30代　ディレクター）と嘆く声も聞こえる。

テレビ局と制作会社の間には、研修という場面でも厚い壁があることがわかる。そして、制作会社に属する人たちの間でも、さらに壁があるというのが以下の証言だ。

誰かに教えてもらえみたいな感じでポイって投げられて。（中略）先輩のディレクターに、「あれ、やり方ひどいよね」みたいなことは言われて。やったことないのにあんなところ、投げられちゃうとねみたいな感じだったんで、（制作会社の）社員じゃないから育ててもらえないんだなって、そのときにけっこう、感じて。（みほさん　30代　元ディレクター）

放送局と制作会社、さらには制作会社のなかでも、社員と非社員間に扱いの差が見られた。

このように教育の機会と教育資源の格差は、前項で考察した賃金と身分の格差と同様に、同じ現場で働く人々に分断をもたらす素地となっている。

教育制度や学びの環境の有無とその充実度は、制作会社のつくり手のキャリア形成という点に大きく影響することが確認できた。全体的に見れば、放送局の番組制作現場でのＯＪＴに頼らざるをえない状況にあり、制作会社の人間にとっては、ＯＪＴをしっかり提供してくれる「恵まれた」現場に配属してもらえるか否かによって、専門職としての第一歩が左右される。

2 「昇格」のルートと壁、そして将来の展望

次に組織という要因がどのように制作会社の人々のキャリアパスに影響を与えているのかを考察し、さらに個人の「自律性」と関連づけて論じたい。最後に制作会社の人々が主体的に目指そうとするプロとしてのあり方を見ていく。

制作会社の人々にとって実際の職場は番組制作の現場であり、これまで見てきたように教育資源も帰属意識も現場と深くかかわっている。それでは彼ら・彼女らのキャリアパスの形成は、何が決め手になっているのか。以下では職種ごとの昇格の事例を見ていく。

アシスタント・ディレクターからディレクターへ

ほとんどの場合、映像制作の仕事を始めるにあたってアシスタント・ディレクターからスタートし、数年の経験を積んだ後に、ディレクターになる。

一つの例は、番組を移ることによって職位が変わるケースだ。ゆうたさんがアシスタント・ディレクターからディレクターへ上がれたのは、「〔ほかの番組に〕移ったらディレクターでいけるよ」というプロデューサーの助言がきっかけだったという。

だいきさん（30代　ディレクター）の場合、「ディレクター、上げます」とプロデューサーに言われてアシスタント・ディレクターからディレクターに昇格した。

―　プロデューサーの判断でした。（中略）履歴はあまり関係がない気がします。40歳を超えていて全然、

――駄目だと言われているディレクターもいますし。（だいきさん）

れいなさん（20代　ディレクター）は、想像より早く、急にディレクターに指名されて驚いたという。

――まさか、こんなに早いとは自分でもちょっと思ってはいなくて。ただ、早くって気持ちは若干あったので、ネタ出しとかはしてたんですけど、別に本当にロケとか全然、行ってたわけでもないんですけど、ある日、急に呼ばれて、「君、11月からディレクターね」って言われて、えって、なった記憶はありますね。（れいなさん）

以上の語りからうかがえるように、ディレクターになることが「Dに上がる」という「昇格」の感覚は共有されているようで、昇格の時期が関心事の一つになっている。しかし、昇格は本人の希望とは関係なく、現場の上司の判断に任されている。しかも判断基準は不透明だ。

――実力の物差しがない業界なので、本当に上の人から実力がないって言われたら、そうなのかもって思いやすい。ダメだって言われたら、ダメなのかもって思いやすい業界ではあるかなと、真に受けてしまったりだとか。（なおきさん）

昇格の判断基準やその時期は、本人や同僚たちにも把握できないという現状があるなか、はっきりわかるのは、局員と非局員の扱いの違いである。「ちょっとモヤモヤしてたのは、局員の人は2年で必ず上がるんですよ」（れいなさん）といった証言がそれを示している。こうした局員と非局員の壁は、前項で考察した研修・教育という側面のみならず、昇格や評価においても明確に存在する。

さらに制作会社の非正社員の場合は、重層的な壁に直面する。それは、制作会社の内部における社員対非正社員の壁である。みほさんは、制作会社の非正社員として研修がないまま制作会社から放送局へ出向し、人手不足のなかで経験を十分に積まないままアシスタント・ディレクターからディレクターになり、体調を崩していったん制作の世界から離れた経験をもつ。彼女は不条理な差別の実態を次のように語っている。

——ADからディレクターにするときに、〈制作会社の〉社員のコのほうを優先されるので。

放送局員と制作会社、制作会社のなかでも正社員と非正社員で扱いが異なるという重層的な上下関係が、研修の機会に加えてディレクターへの昇格のスピードの差にも表れている。

ディレクターかプロデューサーか

では、ディレクターとして軌道に乗った後、次にプロデューサーを志望するかというと、必ずしもそうではない。ベテランのなおきさんは、仕事としてのプロデューサーには興味がない。

現時点で僕、プロデューサーには興味ないんですけれども、でも35から40超えてくるあたりっていうのは、プロデューサーを目指してやってかなきゃいけない時期でもあって、プロデューサーだったら本数多く回せるので、その分、稼ぎもよくなる。（なおきさん）

ディレクターとして制作現場の仕事に魅力を感じる者たちは、管理職であるプロデューサーを必ずしも目標にしないようである。

他方で、さまざまな事情で、最初からプロデューサーを目指す人たちもいる。

女性は、基本的にディレクターよりも、AP〈アシスタント・プロデューサー〉のほうに行っちゃう人が多いので。プロデューサーとかAPさんは女性のほうが多いです。（中略）ディレクターよりもAPのほうが、比較的労働時間が短いんですよ。（中略）だから、結婚して育児をしながらとか、家庭のほうを大事にしたい、でも働きたいなって人は、ディレクターよりもAP。（あやかさん　20代　アシスタント・ディレクター）

このように女性にとっては、ワーク・ライフ・バランスを保ちながら長く働けるプロデューサーの仕事を選ぶ傾向が見られる。

やっぱりディレクターの人たち本当にもう真剣勝負で付き合っても、それを1カ月とか続けてたりするっていうのは、自分では無理だなと思って。ただいろんなアイデア考えたりとかするのは好きだったので、そういうプロデューサー的な仕事のほうがまだできるのかなと思って、何となくそっちに。（ゆうこさん　50代　プロデューサー）

しかし、そうした個人的な選択とは異なり、やはり理由を知らされないまま、プロデューサーになってしまったという人もいる。不透明な昇格や異動システムはここにも見られるのである。

大きな会社だと、ADから段階を追って上がっていく場合が多いんですけど、私は、前にいた会社も少人数だったんですね。だいたい15人くらいの。突然プロデューサーにさせられちゃったんですよ、私の場合は。たぶん、都合がよかったんだろうなとは思うんですよね、そのときの。なので、もう右もわからないし、左もわからないし。（ともこさん　50代　プロデューサー）

ディレクターよりもプロデューサーを目指す、あるいは結果的にディレクターの経験なくプロデューサーになったのは、今回のインタビューではいずれも女性だった。プロデューサーという仕事の質が「女性」に合っているのか、あるいは時間的拘束の長短から女性がプロデューサーを選択する傾向があるのか、ここには何らかのジェンダー的な要素を含んでいることが示唆される。

本来、ディレクターは番組の内容を固め、現場を仕切り、仕上げるという重い責任を担っている。そういった意味では、ディレクターを目指すこと自体は、プロフェッショナリズムを形成する一環であると考えられる。しかし、ディレクターへの昇格の基準や機会は不透明であり、かつ雇用形態による「テレビ局員・非局員」「制作会社社員・非社員」の壁が存在している現状を見ると、個々のプロフェッショナリズムの形成については安定的な基盤がないと言える。

昇進・昇格に何らかの基準があれば、その基準を満たそうと自ら学習することもできるだろう。しかし番組制作の現場では、昇格に明確な基準はなく、なんとなくプロデューサーが「そろそろ」と言って決めている。

入職、昇格、転社（制作会社をかわる）、研修・教育、いずれをとっても「以前一緒に仕事をしたことがある」「あいつ知っている」というような人間関係に依存し、キャリアが形成されていくことが確認できた。つまり、番組制作会社の人々の教育・研修の制度、評価・昇格の制度は、いずれもきわめて脆弱で、偶然によい人、よい先輩にめぐり合わなければよい仕事の機会も昇進も得られないということになる。

局員への転身と現場へのこだわり

制作会社に所属している人たちが、放送局の局員に引き抜かれることがある。

――契約のなかでも、途中で社員になる人もいるんですよ。それ、たぶん気に入られてるから途中からなったりとかはあって。でも私とか、私の後輩の今、やってる子とかはたぶん、永遠になさそうだろ、これはみたいな。〔中略〕ルックスけっこう、大事だと思います。〔中略〕あとはもう、相当アイデアマンか。この子、本当できるなとかは。（みほさん）

このように局員になることは、番組制作会社に所属する人たちにとっては「成功」「出世」と見なされている。局の側も、長年同じ番組を担当しているベテランを貴重な人材として、引き抜く事情もあるようだ。

――いろいろ有名なものもつくってきてるんですけど、そういうスタッフが、かなり自然番組固執してやってるんで、結局、そういう人がなかなかいないってことで、○○側〔放送局〕に引き抜かれて。昨年もちょうど一番上の、信頼してた人が辞めちゃいました。（けんいちさん　50代　ディレクター）

しかし、誘いがかかっても行かない人もいる。誘いに乗らない理由は、やりたい仕事を続行できなくなる危惧を感じているからだと言う。

――〔放送局員にならないか、という引きは〕ありますけど、それは違うなと思って、生放送とか、そういったことやりたいっていうのは軸にあるから、それはみんながもういいですよって言われる年にいくまではやりたいなと思ってるので。（まゆみさん　40代　ディレクター）

職人的に、制作の仕事をまっとうしていきたいという希望だ。

では、制作会社所属のディレクターたちは、将来にどのような展望をもっているのか。「昇格」という言葉に対して「これ以上、上のポストあるか、別にないですしね」と語るたくやさん。ディレクターは、クリエイターとしての能力が発揮できるポストであり、映像づくりの世界では、肩書より実力で勝負するのだと考えている。たくやさんに将来の目標について聞いてみた。

それは自分が課題と思ってるものを番組化するって、それですけどね。別に高尚なことをこれも言ってるわけじゃなくて、本当こういうモチベーションの人、多いと思いますよ。そこで満たされるっていうか。

しかし、それで経済的に満足できる生活が確保できるのだろうか。なおきさんは、アシスタント・ディレクターになった当初は、「絶対この業界で結果出さないとと思って、（中略）死に物狂いで働きました」と語る。しかし、やはり収入と仕事の内容が見合わないことに限界を感じる。

――ディレクターでずっと食べていくには、難しいんですよね。（中略）年齢と同じだけの給料もらえてたとして、1年ずつやって、60のときに60万というのは、僕としては夢がないんですよ。（なおきさん）

将来への不安を語るなおきさんだが、「未来、まだ70くらいまではディレクターやりたいんですけどね、今の段階では」と困難な現状のなかでもディレクターでいることへのこだわりを持ち続けている。同じように仕事にやりがいを感じるが、収入面や生活の安定性、そして体力の問題といった現実問題で見ると「〔5年後の自分〕まったく想像がつかないですし、こうなりたいという強い将来像があるわけでもない」（とおるさん　30代　記者）、「先が暗い」（だいきさん）、「わかんないんですよね。不安ではありますけど。今のままやれんのかな」（ゆうたさん）など、将来への見通しに不安を感じる声がほかにも多くある。

3　番組は誰のために

制作会社のつくり手は、これまで見てきたとおり多様な学歴、職歴をもち、番組制作の現場に集まった人たちである。「下請け」や「あなたの手伝い」（くみこさん）などといった、テレビ局に従属的な地位に置かれる状況を取り上げてきたが、しかしそのなかで仕事に対する使命感、抱負についての語りも少なくない。たとえば、仕事の達成感とともに、「従来のストーリーラインを打ち破り新たな視点・見方を提示し、社会を一歩前進させる」（たくやさん）といった、自らの仕事の社会的影響力を熱く語るケースも見られた。番組は誰を意識してつくっているのかという質問にディレクターのなおきさんは、こう答えた。

取材対象者たち。取材に協力してくれた人たちに対する新たな発見。取材されたことによって生まれた発見とか、新たな見え方とかをしてもらいたいなっていうことのほうが、視聴者に面白いものありますよっていうふうな意識よりかは強めに働いている部分があって。

民放テレビはスポンサーを過剰に意識しているという批判はよくあるが、現場の声は異なった。

私たちのなかでスポンサーに関して、たぶん、そんなに考えている人たちはいないと思いますね。（中略）視聴者の方に寄り添う（中略）（視聴者が）不安に思っていることのアンサーを少しでも出せればなと思って。（れいなさん）

視聴者がどう見るかというのはもちろん気にしていますが、上司がどう見る、テレビ局、スポンサーがどう見るというのはほぼ気にしてつくっていません。（だいきさん）

テレビ離れの一因として視聴者目線の不在がよくあげられるが、しかし今回のインタビューで聞いた現場の声の一部には、「視聴者」を思う語りも確認できた。

他方で、一部の情報ワイド番組のつくり手の語りからは、仕事としての完成度、周りの人間関係への配慮、個人のためなど、「率直」な語りも見られる。

――視聴者よりも、演者さんのためにに。（中略）誰のためにっていうより、自分のためでしかなくてその面倒を見てくれてる、ディレクターさんだったりとか、プロデューサーに、まあ迷惑をかけないように。（あやかさん）

さらに職位によって意識する対象が異なるという語りもある。

――中ぐらいのデスクみたいな人が、視聴者がどうのなんて感覚じゃないんですよ。上の人がどう見るかなっていう感覚で番組つくってるので。（けんいちさん）

「演者さんのため」「自分のため」「迷惑をかけないように」「上の人」という語りから制作現場と内部の評価を第一に考える志向がうかがえる。会社員やサラリーマンにとってそれは最低限の仕事のモラルではあろう。しかし、専門職業人がもつべき広く社会全体に対する自身の役割の認識は希薄だと言える。このように制作の現場では、自らが働く意味について、多様な価値志向をもつつくり手たちが混ざり合っていることがわかる。

〔参考文献〕

浅利光昭 2008「総務省『通信関連事業実態調査』（放送番組制作業）からみた番組制作プロダクションの現状と課題」『AURA』818号：22－28
久本憲夫・川島広明 2008「番組制作における多様な雇用形態――中堅ラジオ局の事例を中心に」京都大学経済学研究科Working paper J－68

（林怡蓉）

3-4　小括

本章では、制作現場で働く人々の意識を、制作会社と放送局の関係性という視点から見てきた。

3-1では制作会社に所属する人々のキャリアは、放送局員に比べ、多様であることが明らかになった。放送局の局員のキャリアパス、すなわち一流大学卒業後、一斉採用で正規職員として放送局に就職し、終身雇用を前提としてジェネラリストとしての養成ルートを歩むのが一種のスタンダードとされるならば、制作会社の人々はそれとは対照的に、専門学校、短大、4年制大学卒など多様な学歴をもち、その後は所属会社の移籍（転社）、転職（別の職業に就く）、離職、再就職などを頻繁に経験している。その異動プロセスは、人間関係やクチコミを頼りにしている様子が見て取れた。

3-2では制作会社の人々が直面する制度的・組織的な側面、すなわち制作会社と放送局との従属関係と、その関係性が個々人に与える影響をつぶさに見た。所属と雇用形態から生じる現場での扱いの違い、賃金格差[(1)]など、目には見えない壁があり、混合部隊からなる制作現場で彼ら・彼女らが感じる複雑な思いを見てきた。

3-3では「プロの制作者」になるための教育・研修機会、昇進などについて分析したところ、ここにも放送局員との間に重層的な壁が存在することを見出した。すなわち、制作会社所属であることによって、専門職としての成長の機会が限定され、不満の鬱積、心身の消耗、将来への不安が重くのしかかっている。

ＢＰＯ（放送倫理・番組向上機構）が情報ワイド番組に対する倫理違反のケースを検証した際、問題の背景として「チームワークが醸成されにくい」ことを指摘した。ＢＰＯの報告書によると、チームワークが醸成されにくい理由は「スタッフが入れ替わるため」という。しかし本調査で明らかになったように、チームワークづくりの難しさは、スタッフの入れ替わりだけではない。継続して仕事をしていたとしても、ヒエラルキー的な上下関係のもとにあって、制作会社に所属する人々に、格差への大きな不満、将来への不安が鬱積していることを見落としてはならない。

また、同報告書は、「持続的に人を育てる取り組み」の欠如についても指摘している。本章で見てきたように、番組制作会社に所属する人たちの研修・教育は、ＯＪＴ（オン・ザ・ジョブ・トレーニング）に委ねられている。現場は日々の業務の遂行に忙しく、教育というより、業務を覚えてもらうことに終始する。放送局、制作会社いずれにも、制作会社に属する人たちを教育する制度はなく、属人的なつながりで教育を受ける機会に恵まれる人々が一部存在するにすぎず、持続的に人が育つ環境が整っていない。

その一方で、組織として放送局と制作会社が上下のヒエラルキー関係であることについて、制作会社の側にも課題があるという厳しい指摘も聞かれた。

――制作会社はリスクをとっていない（映画は制作する団体が売れるかどうかのリスクをとっている、著作権もある」。従業員を食わせるために会社を起こしたというので、クリエイティビティなど考えていないプロダクションがリスクを背負っていない。放送局にお金をもらってやっている。自分たちで企画して、つくって、これ買うてくれ、というリスクを負っていない。あくまでも放送局の枠のなかでやっている。（ひであきさん　60代　経営者）

放送局を飛び出して制作会社（テレビマンユニオン）を創立したプロデューサー村木良彦は、「有能な若者がテレビの制作現場に魅力を感じなくなった。アシスタント・ディレクターのなり手がいない。いまやテレビ制作は危機的状況にある」（村木・野崎 1991）と警鐘をならし、「送り手」と「つくり手」の分離、さらに「つくり手」の自立の必要性を指摘した。こう述べた時点で村木は「これ〔つくり手の自立〕は80年代でかなり達成された」と評価をし、制作会社は今後「『放送を超えるソフト制作集団』に転生する必要」があることを訴えた。

しかしながら2020年代になった今、「つくり手」の自立が達成された状況とは程遠い。村木の30年以上前の評価は、村木が創立者のひとりとして立ち上げ大きく成長した、一部の大規模な独立系プロダクションのみにあてはまり、その他多数の番組制作会社にとって、放送局からの自立は、今なお課題となっている。

番組制作会社に属する人たちは会社への帰属意識が薄く、制作会社に所属することに起因する不満を抱えながらも、日々情熱を傾けて仕事に向き合っている。それは、番組づくりに、やりがいと達成感があるからである。

放送番組は、規格化された「製品」ではなく、いくつものプロセスに一つ一つ人の判断が加わってようやくできあがる総合的な「ソフト」であり、一つ一つが作品のはずである。番組制作の多くのプロセスを担う、制作会社に所属する人々が、心身ともにゆとりをもって働きやすい環境をつくるためには、制作会社と放送局の関係性という大きな枠組みにメスを入れる必要がある。それなしには、番組制作の充実は望めないだろう。

〔注〕

（1）賃金格差の背景には、放送局と制作会社の企業規模、学歴による賃金の差異も見られる（厚生労働省 2022）。

〔参考文献〕

厚生労働省 2022「令和3年賃金構造基本統計調査　結果の概況」https://www.mhlw.go.jp/toukei/itiran/roudou/chingin/kouzou/z2021/index.html（2022年6月13日閲覧）

BPO放送倫理・番組向上機構ホームページ「説明と組織図」https://www.bpo.gr.jp/?page_id=912（2022年6月13日閲覧）

BPO放送倫理・番組向上機構ホームページ「TBSテレビ『消えた天才』映像早回しに関する意見」https://www.bpo.gr.jp/?p=10241&meta_key=2019（2022年1月10日閲覧）、「テレビ朝日『スーパーJチャンネル』「業務用スーパー」に関する意見」https://www.bpo.gr.jp/?p=10495（2022年1月10日閲覧）

村木良彦・野崎茂 1991「テレビ・プロダクション制作の検証」『新聞学評論』40巻：328

（小室広佐子）

第4章

「地方」の制作者たちの日常風景とキャリア

北出真紀恵

第4章は「地方」のテレビ制作者をめぐる状況について述べていきたい。

本調査では、大阪の制作会社の経営者と、大阪と京都で活躍中の制作者2名（30代男性、40代女性フリーランス）にインタビューを実施した。この3名に加えて名古屋の制作会社から東京の制作会社に移籍した1名（20代　女性）にもインタビューを行った。少ない事例ではあるが「地方」のテレビ制作者をめぐる状況と、「地方」との比較において見えてくる「東京」の「生きづらさ」についても考えをめぐらせてみたい。

地方の制作会社でも、東京と同じく若年制作者の早期退職が多い。他方で、東京の制作会社所属の制作者たちが口を揃えて不満を述べるのに対して、地方の制作者たちは日々の仕事を楽しみ、仕事に満足している様子は印象的であった。

彼ら・彼女らは、どのような制作業務に従事しているのか。何が、彼ら・彼女らの仕事に対する満足度を上げているのか。不満な点をあげるとすると、それは何か。

それでは、「地方」に住まう制作者たちの日常風景に迫っていこう。

4-1　地方における制作会社の経営状況

1　番組制作におけるクライアント（地方局）の位置づけ

東京以外でも地元ローカル局から番組制作を委託される制作会社が存在する。ATPが発足したのは1982年。同法人は2022年現在、東京・大阪の主要番組制作会社123社が所属する社団法人であるが、圧倒的に東京の制作会社が中心である。

地方のテレビ制作会社について語るにあたって、番組制作会社のクライアントである準キー局（関西を拠点とする局）とローカル局の経営規模について押さえておこう。

まず重要なのは、日本の地上波放送事業者は公共放送NHK以外はすべて、県域に沿った地域限定の免許をもつ「ローカル局」であるということだ。

しかし、事実上はいわゆるキー局と呼ばれる東京の放送事業者が「系列」のローカル局にコンテンツ（番組）を供給し、強い権力をもっている。系列ローカル局は、東京のキー局からの東京制作番組をそのまま流せば、番組のスポンサーも連れてきてもらえる仕組みとなっており、自ら広告営業の必要がない。下手に自社制作番組をつくるより、東京の番組をそのまま流すほうが儲かるという仕組みだ。ローカル局では、自らの営業なしの収益（ネット配分金）が、全収益の大きな部分を占めるというのが実情である。自社で番組を制作しようとする動機が高まらない理由だ。

『情報メディア白書２０２１』によればローカル局におけるローカル番組比率は１割未満と答えた社が全体の49・６％にのぼっている。ローカル局は「何もしない局ほど儲かる」と言われ、多くの従業員を抱えず、社員数を極力少なくし、番組制作を外部に委ねることで利益率を上げている。

したがって、地方の制作会社はクライアントとなる放送局数も限られ、制作番組数も少ない。東京に比べて仕事量は絶対的に少なく、制作費も少ない。こうした放送局の番組制作費は制作会社の受注額にダイレクトに反映される。

大まかな区分けであるが、東京、関西・中部エリア、その他ローカルという順に、そもそもの経済規模の違いから番組制作費などのサイズが小さくなっていくのは必定なのである。

2　地方制作会社の経済環境の変化――テレビ全盛期からリーマンショックへ

テレビの成長とともにあった番組制作会社の全盛期

制作会社の経営状況は地方でも非常によい時代があった。約40年間、業界に身を置き、大阪で制作会社を率いるひであきさん（60代）は「テレビ業界はよかった。プロダクションも少なかった」と振り返っている。テレビ番組制作業界も、かつては「儲かる商売」だったのだ。

ここからは、大阪の制作会社代表のひであきさんに、ここ30～40年の現場の変化を振り返ってもらおう。

全然、おいしかったです。ENGっていうか、クルーを3班出して、タレント2人のギャラと、そこでの演出、言うたって知れていますから。そこで利益的には、1本当たり100万から200万くらいの金額が浮いてくるわけですよ。それ、月で4本やったら、もう金額的にはすごい金額が浮いてくるんです。

まだ制作会社も少ない時代で、経験のあるディレクターを抱える制作会社はひっぱりだこといった具合だろうか。ひであきさんによれば「東通、エキスプレス、クリエイティブ・ジョーズ、ブリッジなどができてきて、せいぜい十数社」に仕事が集中するような状況であった。

80～90年代以降、制作会社は独立と新会社の設立を繰り返し、増加し続け、現在ではいったい何社あるのか実態はつかめない。

制作会社が増えた背景には、2006年に会社法が改正され「資本金なしで法人がつくれるようになったこと」や、「携帯電話があれば連絡がとれること」などの理由と、2008年に起きたリーマンショックで制作費ががくんと下がり、中堅のディレクターが「給料が頭打ち」なのを理由に独立が相次いだことがあるという。つまり、ディレクターにとってはフリーランスで仕事を受けたほうが「実入り」がよいのだ。

第2章で紹介した職人として生き残るベテラン・フリー・ディレクターたちはそのよい事例である。制作者にとってもっとも大事な資源は「人間関係」なのだというが、仕事の経験で培った「人間（信頼）関係」、携帯電話とパソコンさえあれば、テレビディレクターという職業は独立が可能だという。

リーマンショック以降、受注は情報ワイド番組のコーナー中心へ

前述したようにリーマンショック以降、番組制作費は急激に低下した。在京キー局のみならず地方の放送産業界もまた、厳しい状態が続いている。

リーマンで単価ががくんと落ちましたから。極端に言うと、3分の2。半分まではいってないと思いますけど、3分の2ぐらいの感じ。結局、戻らず。この10年、戻らずにそのまま来ているっていう感じですね。（ひであきさん）

また、受注する仕事のジャンルにも変化がある。

関西制作の番組は、全部、情報ワイドの番組（関西地方ではローカルニュースを含む夕方の時間帯に情報ワイド番組が編成されている）に変わっていってていますよね。だから深夜はまだやってはりますけど、1時間とか30分の番組っていうのはどんどん減って、もうワイドに吸収されていってているっていうのはあり

ますよね。（中略）

だから、リーマン以降に、われわれ、グロスで仕事をお請けするっていうのがもうほとんどないんですよ。コーナーの演出発注とかって、コーナーVTRの発注。（受注の単価が）低いですね。一昔前だと、1本300何万なりをそのままプロダクションにいただけていたんです。そのなかでやりくりして、言うたら引き算の商売ができたわけです。引き算でこれだけ残しました。だけど、リーマン以降は、もうほとんどが足し算の商売にするしかなかったんですよ。だから、「おまえ、あそこ行ってこい」言うて、人件費で1日2万円か2万5000円みたいな発注受けて、それを足していく感じです。（ひであきさん）

かつては完パケ受注（完全パッケージ）が当たり前であったが、準キー局では深夜帯の番組以外はほとんどが情報ワイド番組に吸収され、制作会社が受注する制作請負と言えば、情報ワイド番組のVTR受注となっている。かつては制作会社自らが企画書を上げ、一から番組を構想していたものであったが、そのような形は現在ではほとんど存在しないという。

在京キー局以外のテレビ局では、制作されている番組のジャンルは限られる。そもそも自社制作率は大阪で3割、名古屋で2割、その他地方は1割前後が目安だ。

自社で制作されるのは、おもに地元のローカル報道を含む生放送の情報ワイド番組である。制作会社の仕事はその生放送の演出進行やコーナー制作の受注がメインとなる。そして、地方の制作者にとっては唯一の生放送である情報ワイド番組は花形の舞台でもある。

〔参考文献〕

電通メディアイノベーションラボ　2021『情報メディア白書2021』ダイヤモンド社

（北出真紀恵）

4−2　地方ディレクターたちの日常風景

1　地方ディレクターの制作業務

地方ディレクターたち——情報ワイド番組中心の日常

ここからは、地方で活躍中のディレクターの語りに耳をすませていくことにしよう。

大阪の制作会社に勤務するディレクターのなおきさん（30代）は愛知県出身で関西の私立大学を卒業後、広告代理店勤務を経て現在の制作会社に入社。入社して1年目は準キー局の報道番組の担当になった。

1年目、もともと報道局に入ったんですけれども。わりと理解のある職場だったっていうことだったりとか、報道番組は夕方っていうのは、一番生活のリズムが人間のリズムで進めやすい番組なんですよ。朝とか夜は、いろんな逆転が起こるんですけど、夕方に出す（放送する）番組っていうのは、朝、出社して、その日1日起きたこととか、その前の日の夜、起こったことなんかをさらいながら、何を放送するっていうのを出せるっていう、一番人間的なリズムができる番組だったので、そんなにきつ

──いっていうのはなかったんですけど。

ローカル報道番組やローカル情報ワイド番組は、午後から夕方の時間帯に編成されている。どの地方でも生放送の終了時間は午後7時頃である。

20代のアシスタント・ディレクターみさきさんは、愛知県名古屋市出身で名古屋の私立大学を卒業後、名古屋の制作会社に入社。現在は「テレビ制作の本場」である東京の制作会社に勤務し、バラエティ番組のチーフアシスタント・ディレクターを務めている。みさきさんは、名古屋時代は「労働環境がよかった」と振り返っている。

情報番組だったので、早くても、1週間のうちに1日だけ8時に来るっていうのがあって、あとは9時半出社だったんで。帰るのは、4時に番組が終わるんで、そこからもう帰っていいよだったんです。プロデューサーが、自分のやることがなければ帰りなさいっていう人だったんで、次の日の仕込みとか、自分の編集がなければ、早ければ4時、遅いと7時ぐらいまで残って。それでも7時ぐらいまでです。お休みも土日ありました。あっち〔名古屋〕のほうが〔労働環境が〕しっかりしてると思います。

制作者たちの「生活のリズム」にとって、放送時間は実は大きな問題である。

ローカル局のタイムテーブルはさまざまな番組で埋め尽くされているが、そのほとんどは東京で制作されており、地元でつくられている番組のメインは夕方に生放送されるローカル報道番組か情報ワイド番組である〔地方によっては午前の場合もある〕。一日の放送時間のうちローカル局が担当するのはせいぜい2時間というところであろう。ローカル局の制作は「生活のリズムが人間のリズムで進めやすい」「4時に番組が終われば帰っていい」「土日は休み」など、早朝・深夜といったイレギュラーな時間労働からは最初から解放されているのだ。

第3章で紹介された京都でフリー・ディレクターとして活躍する40代のまゆみさんの場合も、担当番組は情報ワイド番組である。1週間のうち2曜日を担当する彼女の勤務状況は木曜日の昼、放送局にて打ち合わせ、金曜日は本番当日、放送局に10:00集合、11:30リハーサル、12:53生放送、終わりが14:30。そのまま制作会社に移動して16:00から打ち合わせ。土曜日も生放送本番で、放送局に10:00集合、11:30リハーサル、生放送を終えて、14:30に仕事は終了するという具合だ。無理のない労働時間であり、余裕さえある。また、彼女はまったく別の仕事がしたいとの理由で、放送の仕事とは別に雑貨小売店でアルバイトもしており、「オンとオフ」の切り替えができる現在の生活にとても満足しているようであった。

前出の30代ディレクターのなおきさんも育児休暇を取った経験をあげ、現在の労働環境はよいと語っている。とりわけ、ワーク・ライフ・バランスのよさについて、次のように言及している。

――〔不満は〕ないですね。僕、育休も取りましたし。1カ月だけだったんですけれども、4年前だったので、男性への育児休暇率は2％とかだった。今、6％ぐらいですけど。ちょうど、僕の先輩が、先に取ってくれたんですよ。会社としても、そういうのを大事にしていかなきゃいけないんじゃないかっていうこととか。あと、うちの会社は、育児の関係とかでほかの制作会社で辞めざるをえなかった人たちとかを受け入れて、働ける範囲内で働いてもらうっていうことにもけっこう積極的にやっていたりはしているので。女性ディレクターで、前の制作会社では育児休暇で、いったん現場を退くときに切られてしまったらしいですけれども、でも、この仕事はしたいのでって、復帰するときにうちだったら〔育児休暇を〕取ってもらいながら、やっていいですよっていうことで、準キー局のそれこそ報道で働いてもらっている。

男性ディレクターも積極的に育児休暇を取ろうとするし、そうした制度を整えていこうという動きもある。また「働ける範囲内で」制作の仕事を続けていくことも、ローカル局の情報ワイド番組担当では可能なようだ。

一方、「地方〔名古屋〕はよかった」と言いながらも「もっと制作の技術を学びたい」との夢を抱いて東京の制作会社に転職したみさきさんは、東京では「基本的には朝の10時から夜3時が平均じゃないですか」「連日は辛いんで中抜けがあります。だけどその日も寝られるわけじゃなくて、それこそウラ取り資料をつくったりとか、ナレ原〔ナレーション原稿〕に間違いがなかったかのチェックで11時」などという過重労働を嘆いている。

「地方」の制作会社の労働環境が整っているというより、東京の制作現場はあまりにも作業量が多く異常な労働環境と言うしかない。

番組制作の現場はワンチーム――機能するOJT

テレビの制作業務は細分化され、幾重にも分業化されている。一つの制作現場に多くの制作会社や、身分の違うスタッフが出入りするテレビの制作現場では、いったい仕事は誰が教えてくれるのだろうか。

前出のなおきさんは「局側が、そこにいるスタッフは、等しく仕事を教えていこうというスタンス」であったと振り返り、その場は「クラブ活動みたいな形。クラブのなかで先輩後輩があったりするっていう、いろんな学部から先輩たちが来て、そこで教えてもらう」という大学のクラブ活動にたとえ、制作現場は「ワンチーム」であると断言した。

フリー・ディレクターのまゆみさんは、自分に仕事を教えてくれたのは年配の局員ディレクターであったと言う。

フリーランスでいた10個上の男の人がいて、その人と、あとは年配の社員さんやけどすごいできる人がいて。ほぼほぼ、私、その社員さんで育ちました。人柄もいいですし。言ってはることが、ああ、そうかっていう発見がいっぱいあったりとか。その人〔10歳上のフリーランス男性〕はけっこう怖かったんですよ、昔のADみたいな感じで、怒鳴られ、蹴られ、きついなって思って。社員さんがそれを客観的に見ていて、あの人がいるから下が育たへんのやっていうのもあったから、その人を辞めさせたんです。俺が育てるからっていう感じで、後半、育ててくださって。ディレクターに、もうなったほうがいいんじゃないかって言ってくださったのもその社員さん。

テレビ局員であろうと、制作会社社員であろうと、フリーランスであろうと、所属に関係なく後進を育てていこうとする文化が地方にはまだあるようだ。人的資源に余裕もない地方局にとっては、そうでもしないと現場が回らないという事情もあるのかもしれない。

ここで、名古屋の制作会社から東京の制作会社に転職したアシスタント・ディレクターみさきさんの声を聞いてみよう。彼女は「地方で育ててもらった」が「東京では技術的なことは何も教わっていない」と語る。

カメラの使い方がわかんなかったら教えてくれるとか。インタビューのときに、こうやって返ってきたら、こうやって返すと、絶対いいのが撮れるよとか教えてくれるのは地方のほうでしたね。どちらも体験できていてよかったなと思うのは、地方のほうが、下を育てる環境があると思います。下を育てて、ディレクターも楽をしようっていう考え方が強くて。（中略）だから、地方でやっている子は楽しいと思います。辛いことも絶対あると思います。だけど、それをカバーしていくのがディレクターで、テレビ業界の先輩としてっていう流れができているのはすごくすてきなところだったんですけ

──ど。

ここで語られているのは、アシスタント・ディレクターとはいずれ「ディレクターになる人」との共通認識であり、だからこそのＯＪＴの大切さである。「地方のほうが下を育てる環境がある」「カバーしていくのはディレクターで、テレビ業界の先輩としてっていう流れができているのはすごくすてきなところだったんですけど」とみさきさんは言うが、それは、作業量の増大やそれに伴う分業化がまだ東京ほど進んでいない地方ならではの現場の風景なのだろうか。

2　地方の現場から「東京」をながめてみると

ここでは、地方と東京との比較において見えてくる東京の制作現場の厳しい諸相について拾っていくことにしよう。

流れ作業のような分業と職位別のタテ割り作業

地方ディレクターたちからも何度も言及され、問題とされる「作業の細分化」と「分業化」についての語りを見ていくことにしよう。

まずは大阪の制作会社のディレクターなおきさんの所感である。

東京は特に分業制が関西より激しいので、パートパートで工場の流れ作業のように、パーツとしてしかスタッフが見られないっていう意識は、東京のほうが強いかもしれないですね。関西は、何から何までひとりのディレクターで1回やるみたいなことが多いので、より人が立ってきやすい。人間関係のなかで仕事しやすいっていう土壌は、東京よりまだあるような。

関西で仕事をしているなおきさんは、関西でも分業化が進行していることを認識しつつも、東京に比べるとまだそれは「工場の流れ作業」ではなく「人間関係のなかで」の仕事だと考えている。

また、名古屋から東京に転職したみさきさんの比較は次のようなものである。

〈アシスタント・ディレクターの作業の〉質が違うのと、上のディレクターも少ないっていうのも問題だと思います。ディレクター自身が何個も番組を掛け持ちしているせいで、細かい作業はやらない方針になっているんですよ。そのディレクターがやらなければいけない仕事をADに回しているので、それは名古屋、地方と東京で比べると全然違いますね。地方だったらディレクターがやっている作業、ディレクターってひとりで基本的にやっていたんです。ロケから全部できるんですけど、こっちは分業制になっているので、それはディレクターがやらないよって言われたら、ADがやらなきゃいけないですし。ディレクターのなかにも勘違いしてて、自分は何もしなくて、ADがやるもんだって言って、仕事を押し付ける人もいるので、そこの差はけっこうでかいかなって。

「テレビ制作はやはり東京」と大志を抱いて東京の制作会社に転職したみさきさんだったが、「どちらかと言うと東京のほうが効率が悪いのではないか」とも思っている。なぜなら地方では「終わらせるためにスケジュールをしっかり組んだうえで、さらにもっと少ない人数でもやり切って」いて、ディレクターも「自分が楽をするためにも下を育てている」のに対して、東京ではディレクターの仕事とアシスタント・ディレクターの仕事が職位によってタテ割りになっている。また、地方では人手が足りない分、ディレクターが編集も行う。

地方はディレクターも編集するんですけど、こっちは編集オペレーター〈編集作業を専門にする人〉に任せて、それをずっと見守っているのがＡＤで、すごく効率が悪いっていう。本当に、その間に何もやることがなかったり、とか。〈みさきさん〉

地方の現場出身のみさきさんにとっては、手が足りないならディレクターが編集すればよいのに、ロケにも行っていない「編集オペレーター」に委託して編集を任せることや、仕事をいちいち分割して業務分担を決め、その職域を横断できないことに納得がいかないようであった。

東京スタンダード——過剰な制作技法の常態化

分業化しないと回らないほどの作業量になっているのは、画面のデザインにも負うところが大きい。ここでは、東京で一般的となっている制作技法についての言及を見ていきたい。

近年、情報番組のなかでＶＴＲが出てくる際、スタジオの出演者の顔が小窓で出てくる画面をよく見かける。また、画面にスーパーを入れる手法もよく見かける。番組制作の工程でこれらを挿入する作業は多くの時間をとられる。

以下は、制作会社代表の60代のひでああきさんの証言である。


単純にスタジオワイプ＊っていうか、ＶＴＲ取材があって、そこにスタジオの顔がワイプで入ってい ますよね。あれ、1回1回こすらなあかん＊のですよね。1時間の番組で、そこにこの顔を入れるっていうたら、同時に4人の顔は入らないですよね。1回1回入れて、もう1回入れて、入れて、入れて。それだけでその時間かかるって話になりますから。

大阪はほとんどそんなことしないですよ。せいぜいひとり、一つの顔くらいのやつで、入れるか入れないかくらいですけど。

それとスーパー。スーパーをあんだけ細かく入れてやるっていう部分ですよね。大阪もそうせざるをえないからし始めましたけど。制作費が安いなかで、われわれとしてはそれをどうやっていくかっていう形でやってきていますから。


在京キー局では「スタジオワイプ」「コメントフォロー」など新たな制作技法が開発され、それらがスタンダードになっている。(1) 東京で制作する番組は、画面上の情報量が過剰なのだ。ひであきさんは「大阪ではほとんどそんなことしない」「大阪もせざるをえないからし始め」たりと、過剰な制作技法の採用についいては批判的な意見をもっている。

タレントの存在と制作費

東京と地方における番組制作において大きく違うのはタレントの存在である。

東京と関西では「制作費の違い」がしばしば指摘されるが、大きく違う要因の一つにタレントの存在があげられる。

〈制作費は〉東京も下がっていますから。バラエティ番組なんかで言うたら、〈東京の制作費の〉10分の1まで行くかな？　どうやろう。タレント費が、ちょっと大どころのメインで入れたら、ひとり100万とかいう話になってきますから。大阪で、そんなタレントはあんまりいないですからね。そんな人間〈タレント〉何人か入れてしもたら、もうあっという間にケタ一つ上がってしまいますね。〈中略〉大阪ローカルと、やっぱり全国ネットにかけるのとでは、実質いろんな部分でお金のかかり方が変わってきますよね。（ひであきさん）

＊スタジオワイプ：VTR中にスタジオ出演者たちを映す小窓のこと。
＊こする：ワイプの意味。元の映像に新たな画面を差しこむこと。

「〔タレントが絡むと〕準備や段取りが一つおっきく増えるので」となおきさん、また「タレントは雲の上の存在」「嵐〔アイドルグループ〕5人、ひとりにつき1会社ついているんです、制作会社」と東京での制作現場についてみさきさんが語るように、タレントが出演することによって制作費や制作の手間ひまがらりと変わることがうかがえる。

「〝人間〟でした、名古屋では」――アシスタント・ディレクターは、家畜・捨て駒・使い捨て

「〝人間〟でした、名古屋では。こっち〔東京〕では家畜みたいな」〔みさきさん〕とは、身もふたもない表現であるが、本人はそう感じている。

経営者のひであきさんは「技術の進歩で、ADはずっとパソコンばっかり」「昔やったら、ディレクターが仮編。本編前に編集するのに、後ろにADがついて、テープの出し入れしたりとか、ADがついて見ていた。今はノートパソコンでやるから、ADが勉強する場がない」とアシスタント・ディレクター身分の待遇以外にも業務のデジタル化と個人化の問題を指摘しており、「ADの作業と言うたら、リサーチして撮ってきたもんを吸い上げる作業して、最終テロップ原稿や言うてテロップつくって、作業してみたいな。もう分業と言うのかなんとか言うのか」と嘆いている。みさきさんも名古屋時代を振り返って、アシスタント・ディレクターはいつかディレクターになることが前提で、ディレクターについてディレクターの仕事を見ながら一つ一つの仕事を覚えていくものであったと語る。

こっち（東京）は、ADのチーフがけっこう中心。ADのチーフが中心で、それをディレクターに上げて、最終チェックみたいな。なので、ディレクターはチェック係みたいな感じですね。ロケとかでは、演者さんとかに、たとえば、言ってはいけないワードとかを言わないでほしいとか、あとは、どういう立ち回りをしてほしいとか、そういう演出面ですね。そういうことは言わないでとか。あとは、ADが、基本的には仕事を回していく、段取りもADがやる、香盤表（撮影スケジュール表）もADがつくるっていう感じですね。（みさきさん）

東京ではディレクターはチェック係であって、地方でのいわゆるディレクター業務は、東京では「チーフAD」が担当するという。職位が一段階増え、アシスタント・ディレクターの業務はさらに細分化されているのだ。加えて、その業務はパソコン中心のデジタル化と個人化が進んでいるとあれば、アシスタント・ディレクターとディレクターとの距離は遠い。

ひでおきさんが指摘するように、番組制作のなかで「小さな歯車」とされてしまうアシスタント・ディレクターの業務では、番組制作の全体像が見えない。そして、作業量の増加と作業の分業化傾向の波は、地方にもひたひたと押し寄せている。

若い制作者を育てたいひでおきさんは経営者として、「そういうのが嫌やから、派遣で出すっていうのは、そんな、してないんですよね」と言うが、一方で、次のような悩みも抱えている。

〈テレビ局へのスタッフ派遣から〉戻ってきたら戻ってきたで、勤務時間はこっちのほうがきつかったりするんです。その辺の矛盾点がかなり出てくるから、情報ワイドショーでADを出すっていうのは非常に悩むというか、あんまり考えたくはないなというのはありますよね。育てにくい。派遣系〈スタッフ派遣専門の制作会社〉でやってはるところはそういう意味で言うと使い捨てですよね。

制作会社は番組制作の請負だけではなく、放送局にアシスタント・ディレクターを派遣することもしばしば行う。最近では、アシスタント・ディレクター派遣を主たる業務とする制作会社も存在する。こうした制作会社による「アシスタント・ディレクターの派遣」は東京だけではない。地方の制作会社でも進行している。

地方においては、派遣先の放送局や制作現場でディレクターについて制作業務を習得する機会がまだなくはないようだが、後進を育てる気概のある経営者や先輩ディレクターに出会えるかどうかが〝人間〟でいるための鍵となるだろう。

3 地方における制作者たちのプロ意識

ローカル情報ワイド番組制作の現場は楽しい

地方における制作会社の主たる受注番組は情報ワイド番組である。

「関西制作の番組は、全部ワイドの番組に」変わり、「グロスで仕事をお請けするっていうのがもうほとんどない」「コーナーの演出発注とかって、コーナーVTRの発注」と制作会社代表のひであきさんは語っていた。経営者サイドからすれば「コーナー」受注ではビジネスが小さく、収益は上がらない。また「映像作品」としての番組制作にこだわるディレクターにとっては、いわゆる「街ネタ」やペイドパブリシティ（企業が料金を支払い、番組内で商品を紹介すること）は「作品性」からは程遠く、情報ワイド番組の現場はディレクターとしての「作品性」を表現する場とはなりえない。

しかし、地方の制作者たちにとって情報ワイド番組を担当することは楽しいようである。

将来はもう一回、情報番組やりたいなって。（みさきさん）

こういう企画を考えているんやけどって言われたら、もうそこから全然できますけど、自分から生み出して何か番組を1本つくりたいっていうところは、逆に今までしたことないかもしれないです。（まゆみさん）

まゆみさんにとっては「自ら企画を出す」ということは最初から想定されていない。しかし、午後の情報ワイド番組という決められたフォーマットのなかで、その場その場で「放送」を送り出していく業務、そして地元の視聴者と触れ合いながら、またダイレクトに反応を聞きながら、地域の人々の暮らしに伴走するテレビに携わる仕事は「楽しく」「やりがいのある」ものなのだ。

「グルメばかり」「マンネリ」と批判されようが、生放送の情報ワイド番組という放送活動は、地域の人々の暮らしに伴走する営為であって、ローカル放送の大事な活動の一つである。その日の天気や、市井の人々の生活を映し出す映像を送り出す情報ワイド番組も地上波テレビの大事な役割であり、このジャンルの番組制作には多くの制作会社が携わっている。

仕事をするうえでのプライオリティ

フリーランスのまゆみさんは、30代の頃に映画撮影の現場での経験があり、「えらい目に遭いました」と振り返る。

〔テレビの現場は〕職人魂はそんなにめちゃくちゃあるわけじゃないから、楽しくやれば成功なんで、全然違うんです。俺らは作品をつくってるんやっていうプライドがすごいあって、松竹とか太秦〔東映〕の人って職人やから、おじいちゃん、昔の人が今でも頑張ってるっていう感じなんで、なかなか難しかったですね。

まゆみさんにとっては、「テレビの現場」とは、職人魂のプライドを賭けて「作品」をつくる場などではなく、「楽しくやれば成功」なのである。

「ずっと昔からここ〔地元放送局〕で働きたいっていうのが夢」だったというまゆみさん。「生放送がやりたい」と思い「お金に執着せず、何が楽しいかっていうので仕事をジャッジしてきた」というまゆみさんのようなディレクターは、地方のテレビの現場では重宝される存在である。「放送局は、居心地よ過ぎて家族みたい」で、「タイムカードで生活するのが、もう自分の性に合わない」と断言し、あくまでマイペースで仕事をして、「好きなこと」をして暮らしたいと考えている。

東京の制作会社ディレクターたちがテレビ局社員との年収差や「同一労働同一賃金」にこだわりを見せたのと対照的に、まゆみさんは自分の報酬にも興味を示さず、「楽しく働きたい」ということがモットーだ。

ちなみに20代のアシスタント・ディレクターのみさきさんは「東京は『楽しくないのが嫌』」で、40代のまゆみさんは「仕事を受けるかどうかは楽しいかどうか」がポイントだと述べており、彼女たちが仕事をするうえでプライオリティを置くのは「楽しさ」である。

テレビ番組の制作現場と言えば、「情報ワイド番組のみ」とされる地方の制作現場では、ドキュメンタリーやドラマを制作するといった機会は少ない。そもそも映像「作品」を企画制作し、映像表現の可能性を探ることなどは日常的な業務のなかには見られない。

自分が身に付けたスキルを生かして、それが評価され、日々の放送制作で充実感を得る日常。ローカル情報番組制作の現場は楽しく、ワーク・ライフ・バランスも充実しており、彼女たちのテレビ制作者としての日常は満足度が高い。

「作品」への志向——NHKの仕事はチャンス

準キー局の報道番組アシスタント・ディレクターからキャリアをスタートさせた30代のディレクターなおきさんは、現在はドキュメンタリー作品も制作している。番組の発注元はNHKである。彼の現在の労働環境に対する満足度の高さは、「NHK」での番組制作が大きな要因でもある。

なおきさんの現在の労働環境は、時々、テレビ大阪の報道番組にヘルプでディレクターとして（派遣スタッフとして）参加したり、毎日放送の関連制作会社からの演出委託を受けたりしながら、平均的にはNHKの番組を中心に年に3、4本くらいを目安につくるというペースである。そのペースは「ほどよく忙しい」という。彼の仕事に対する満足度は非常に高い。

東京の制作会社でもNHKの番組受注をしているディレクターたちは、制作費・番組の質ともに満足度が高いのであるが、関西においても同じ傾向が見て取れる。

なおきさんが所属する制作会社は、もともと東京の制作会社出身者が立ち上げたもので、代表は「東京一極集中」に対して批判的な考えをもっている。また、なおきさんが担当しているBSプレミアムのドキュメンタリー番組は、担当制作会社数社のうち地方の制作会社は1社のみということだ。「関西は特に民放が厳しい」と言うなおきさんは、準キー局から仕事の依頼を受けることもあるが「予算が厳しくて、とてもじゃないけど回せない」とため息をつく。

——NHKは（受注契約関係に）入るのがとても難しいけど、入ってからがすごいっていうのは有名ですね。

仕事をいただくまでに非常に探られるというか、どんだけいい企画でも付き合いがないと通らない。でも、お付き合いさえすれば、こんな企画でも通っちゃうかもっていうぐらい、信頼性みたいな部分を大事にされているっていうのは、うちの社長が言ってました。（なおきさん）

今や、東京であろうと地方であろうとＮＨＫの受注先としてくいこめるかどうかはテレビ制作者たちにとって運命の分かれ道でもある。なおきさんの場合は、地方にいながらにして「作品性」の高いＮＨＫの仕事で評価されたことが、テレビ制作へのモチベーションとなっていることが見て取れる。

また、なおきさんはＮＨＫのディレクターと仕事をすることは刺激的で「めちゃめちゃ勉強させてもらっています」という。

物（番組）のつくり方とか、原稿、ナレーションの書き方とか、取材の仕方とか、こうやったほうが絶対面白くなるっていう経験知が圧倒的に違ってたりとか。ＮＨＫの人たちって全国に転勤するので、いろんな地域で、いろんな企画をやったりとか、それこそ、いろんな部署異動が、普通では考えられない規模で行われていたりするので、僕らみたいに情報番組とか、ドキュメンタリーとかしかやってこなかった人間にはわからない、ドラマ的な観点を、ここはこういうふうに見せたほうがドラマチックになるとかっていうのを、なるほどと。ドキュメンタリーだからって、そういう手法に縛られるんじゃなくて、こういう部分はドラマみたいな手法を取り入れてもいいんじゃないかみたいなこととか、

――いろんなジャンルからの、つくってきたノウハウとか実績で話をしてくれるので、すごく刺激になるなっていうのは感じていますね、今。

総合職で採用される民間放送とは違い、制作ディレクターとして採用され、映像制作の専門職として生きるNHKのディレクターたち。(2) 仕事を共にすることで、彼らから吸収することは多い。また、NHKは制作にかける時間も民放とはまったく違う。

――何回も試写をして、プレビューをしていいもの仕上げましょうかっていうことで、(中略) 時間をたっぷり使ってしっかり考えましょうっていう。NHKは特にそういう考えが強い。民放はむしろそれで制作期間ぐっと短くしているっていう印象が強いので。

なおきさんの所属する制作会社は大阪にあるにもかかわらず、NHKの番組を定期的に受注することに成功している。聞けば、なおきさんへのディレクター指名があるという。

前節で見たとおり、テレビ番組制作の現場では、「人間関係」が重視され、仕事で培った信頼関係で仕事が決まると言われている。そのことは、地域を越えて実践されていることがわかる。

なおきさんは恵まれたケースであるが、地方にいながらにして、NHK(全国ネット)の番組を担当することは、制作者としてのスキルを上げていくと同時に番組制作へのモチベーションを維持していくための大きなチャンスである。そのチャンスを積み重ねていくことができるかどうかは、制作会社がディレクターをどのように育てていくかの判断や本人の制作者としての資質に委ねられているのだろう。

ローカル（地元の人々の暮らし）へのまなざし

なおきさんはＮＨＫＢＳプレミアムで放送した番組で、ＡＴＰ賞ドキュメンタリー部門優秀賞を受賞した。大阪のとある地域を取材したドキュメンタリー番組である。

当該作品の制作にあたっては、所属制作会社の代表から「赤字でもいい」「採算度外視で、とにかくやれることをしっかりやってほしい」「それが、看板になるから」と言われていたらしい。なおきさんは「結果につながってよかった」と言い、「会社にも感謝している」と語っている。

やっぱり東京から来て、一定の期間だけいて、撮った人では僕はできないと思っていて、ほぼ毎日のように、近くだからね、なんかあっては行って話したり、とか、空気感を全部、生活のなかに取り入れていったからこそ、それが撮れたっていうふうに思えたので、これは、やっぱりその地域に根差しているからこそつくれたものだなっていう意識が今までつくったどの番組よりも、強くもてて。

「取材対象者との距離感がいい」という評価に表れているように、彼の作品は、地域での暮らしに根差した生活感がにじみ出るような映像作品であった。

そして、なおきさんは「そこの地域で根づいてやっているから見える正しい情報とか、もっと面白い情報っていうのを東京以外のところから発信してってやろうじゃないかという気概」をもって、これからもプロデューサーではなく「ずっと、ディレクターをやりたい」と語っている。

――ドキュメンタリーのディレクターをやりたい。情報番組でも全然やりたいです。何かで頑張ってる人たちの取り組みとかを情報として発信するような形での意味合いですね。

「番組は誰に対してつくっているのか」の質問には、なおきさんは「取材対象者」であると答えてくれた。

――僕は、取材対象者と、その周辺の人たち。僕、けっこうここ意見が合わなくて、周りの人がやっぱ視聴者を大事にしてつくるべきだって言うので、いつも議論になるんですけど。僕、そんなに視聴者って実は意識してない。ここだけの話ですけど。取材に協力してくれた人たちに対する新たな発見。取材されたことによって生まれた発見とか、新たな見え方とかをしてもらいたいなっていうことのほうが、視聴者に面白いものありますよっていうふうな意識よりかは強めに働いている部分があって。そこがおっきいですかね。だから、どこ向いてつくっているかって言われたら、取材対象者の人たち。その次に視聴者ですね。（中略）今、これだけたくましく生きている人たちがいるっていう部分に、ど一うスポットをあててあげるかっていうことのほうが大事であるかなという意識で。

なおきさんを支えているのは、自分が住まう街の人々の暮らしや、「今、ここ」で「たくましく生きている人」に光をあてたいという思いである。(3)

だからこそ、それはドキュメンタリー作品である必然性はなく、情報ワイド番組のなかでも「頑張っている人たち」を応援し、エールを送るようなそんな放送を届けたい、という言葉につながっていくのだろう。

4　地方の制作会社における課題

ディレクターとして充実した日々を送るなおきさんにも不満がある。「それはやっぱり、給料」なのだそうだ。

名古屋から東京に移った20代のみさきさんも「お給料はこっち(東京)のほうが」と、名古屋時代の環境を「人間らしい」と懐かしむ一方、東京での収入のほうが高いと話す。

フリーランスのまゆみさん(40代)に至っては、自らの演出料など報酬についてはあまり関心がなく「ギャラ交渉はほとんどしない」という。

いくら仕事が面白くても収入が上がらないのでは、未来に希望がもてない。

なおきさんはＡＴＰで受賞した経験を「背中を押してもらった」恩と感じている。「僕は、これくらいのペース感覚で、あとはしっかりもらえるような体制を組んで」と将来を構想し、「制作会社業界が盛り上がるためにどうしたらいいか」考えている。

自分自身で自主的に映画をつくっていたりとか、ドキュメンタリーの志向がすごく強くて、やってらっしゃる方とか年配の方とかもけっこういるんですけれども、生活が厳しいって言ってるんですよね。そういう人たちフリーでやったりしてるんですけども、生活が厳しいからちょっとなんか仕事ないっていうことを、僕らみたいな年代の人に相談しに来るぐらい、ディレクターでい続けるって難しいんだなっていうことすごく感じていて。それがフリーですらそうなのに、じゃあ制作会社にいたときに、結局、組織のなかだからしょうがなくっていうふうにプロデューサーをやるっていうのじゃなく、組織にいながらも、現場のディレクターとして、それは僕のわがままでもあるので、わがままを突き通すためにどういう仕組みをつくっていけるかっていうのを今、考えたいなと。だから、未来、まだ70ぐらいまではディレクターやりたいんですけどね、今の段階では。難しいですよね。やっぱお金。ドキュメンタリーとかは、特に。

なおきさんは、地方に住まいながらも、テレビ文化の担い手として、テレビの未来を考える視点をもつことがいかに可能かを模索する。

でも、変わらずにテレビはやっぱり世の中の人たちが見たことないものとか、聞いたことないものとか、知らなかったことを、見せられるっていうことが非常にいいことだと僕は思っているので、それをつくり手たちがちゃんと自分自身が面白がってやれているかどうかっていうことに尽きるかなと思いますよね。（中略）それを経営に少し携わるっていう意味も含めて、自分が年を重ねても制作会社で生活していきながらちゃんとディレクターでやっていけるような仕組みっていうのが何なのかっていうことを考えたいなと。

自分が制作者として充実した日々を送ってきた一方、地方の制作現場でそうした仕事のやり方をいかに続けていけるのか、その道筋はなおきさんにはまだ見えない。

テレビ制作の現場は、圧倒的な東京一極集中のテレビ番組供給の状況下で、東京での制作番組数は多く、1本1本の作業量も多い。熾烈な視聴率競争を背景に各局がしのぎを削り、これでもかというほどテレビ画面の情報は過多になっている。制作技法も過剰だとわかってはいても、一度それがスタンダードになってしまうとそこからは容易には降りることが許されない。過酷な現場で幾重にも分業が進み、まるで工場の流れ作業のようにパーツパーツを埋めていく作業を強いられていると、次第に「人間らしさ」が失われていく。

地方のテレビ制作の現場は、そうした渦とはまだ少し遠い場所にいられることが、制作者たちの「満足度の高さ」につながっているようであった。

東京・地方問わず、制作会社のディレクターたちがテレビの未来をどのように考え、テレビ制作の担い手たちが活躍できる仕組みをどのように構想しているかは、終章に委ねることにしたい。

（北出真紀恵）

〔注〕

（1）90年代に始まる新たな制作技法の開発とそのスタンダード化については、本書1－2を参照されたい。

（2）総合職として一括採用を行う民間放送局では、人事異動によって制作や事務管理部門、営業など局内の部署を異動する。民放局職員のキャリアパスについて詳しくは（林・谷岡編 2013）を参照されたい。NHKではディレクターとしての採用試験が実施されている。

（3）制作の機会は少ないながらも、地方には自らの地域で起こっている社会問題に真摯に向き合う制作者たちが存在する。ドキュメンタリーというジャンルの制作過程において取材現場や取材対象に近いことは、制作者にとって強みとなる。詳しくは、市村ほか編（2021）を参照されたい。

〔参考文献〕
市村元・音好宏・「地方の時代」映像祭実行委員会編 2021『地方発ドキュメンタリーが社会を変える――作り手と映像祭の挑戦』ナカニシヤ出版
林香里・谷岡理香編 2013『テレビ報道職のワーク・ライフ・アンバランス――13局男女30人の聞き取り調査から』大月書店

第5章

番組制作現場の
ジェンダー・アンバランス

国広陽子・花野泰子

本章では、番組制作現場において、ジェンダーがどのように作用しているかについて検討する。

5－1ではまず番組制作会社を含む放送業界全体のジェンダー構成を概観し、その下請けである番組制作会社の現状を整理していく。

5－2では、女性アシスタント・ディレクターが自分の将来像として期待しやすいプロデューサーという職種に注目し、40代～50代の女性プロデューサーがどのようにこの業界でキャリアを積んできたかを紹介する。現在20代の女性とは異なる経歴や経験、そして後に続く女性たちへの思いが語られた。仕事にやりがいを感じ、また誇りをもって働き続けるこうした先輩が業界で道を切り開いてきた。さらに、従来は家庭を顧みず仕事に没頭するイメージだった男性ディレクター、プロデューサーのなかからも、柔軟な仕事ぶりを志向する男性が出現している様子に、制作会社のジェンダー構造の変化への希望を見出そうと試みる。

5-1 番組制作会社のジェンダー構成

1 放送局のジェンダー構成

２０２１年、コロナ禍でのオリンピック開催の是非が検討されるなか、東京オリパラ組織委員会の会長であった森喜朗元首相が、「女性がたくさん入っている会議は時間がかかる」という女性差別発言をした。この発言が発端となり、メディアでは「ジェンダー」の問題を積極的に取り上げる機運が高まっていった。この時期と重なる２０２１年5月、民間放送会社労働組合の集まりである日本民間放送労働組合連合会（民放労連）の女性協議会は、「全国・在京・在阪　民放テレビ局の女性割合調査　結果報告２０２１／５／24」（民放労連　２０２１）を発表した。報道関係者に向けたプレスリリースの見出しは「民放テレビ局１２７社中91社で女性役員ゼロ、在京・在阪民放テレビ局で制作部門のトップに女性ゼロ」である。この調査で明らかになったのは、１２７社の役員総数１７９７名に対して女性役員総数は40名、わずか２・２％しか存在していないこと、そして、女性役員自体がゼロである放送局が91社もあったことである。さらに、番組内容に関する意思決定の責任者である報道部門や制作部門のトップにおいては、女性局長は〝ひとりもいない〟ことが判明した。この結果を民放労連女性協議会は非常に重く受けとめ、これらを強調した形で報道発表を行った。

この発表の1年前、民放労連を含む日本マスコミ文化情報労組会議（MIC）が、新聞・放送・出版といった三大メディア業界の役員や管理職、従業員に占める女性割合（2019〜2020年）の調査結果を発表したが、新聞と放送は女性従業員が約20％弱、女性役員は5％にも満たないという状況で、出版だけが女性従業員比率が36・3％で取締役級の女性役員も8・3％という結果であった。女性従業員割合が17％だった1980年から開始された民放年鑑の調査において、2019年までの約40年で増えたのはわずか7％（日本マスコミ文化情報労組会議 2020）。その間には、男女雇用機会均等法も男女共同参画社会基本法も成立している。それらの法律成立を報道し世の中に知らしめたのはほかでもないマスメディアであったはずであるが、肝心のメディア組織に法の効力が及んだとは言いがたい。

2　番組制作の現場におけるジェンダー構成

それでは、実際の番組制作の現場にも、上述したような割合の女性しか存在していないのか。2014年に本書を執筆した研究グループGCNの有志が行った「放送で働く男女に関する実態調査」（四方ほか 2016）では、放送局に加え、番組制作会社の団体であるATP（全日本テレビ番組製作社連盟）加盟社に対して調査を行っている。その結果、回答を得られた36社全体における女性従業員比率は30・9％であり、さらに約4割が女性であると回答した会社が3分の1を占めていた。しかしながら、従業員数100人以上の規模（番組制作会社においては大規模）の会社では、4割以上を女性が占める会社はわずか1社であり、むしろ比較的小規模な会社ほど女性の占める割合が多くなっていた。また、女性役員の割合は、放送局の約2倍程度存在しており、番組制作会社においては、ある程度の女性参画が進んでいることがわかっている。

一方、契約形態ごとに詳しく見ていくと、女性たちの立場が不安定であることが明らかになっていく。たとえば、正社員の女性割合が29・7％であるのに対し、契約社員は37・7％と8ポイントも高く、非正規やフリーランスの契約スタッフとなると44・9％とさらに比率が増していく。この事実から、雇用の調整弁に使われがちな雇用形態に女性が多いことがわかってきた。この背景には、女性は出産や育児等のライフイベントにより退職し、就業継続が困難となりがちであるという様子がすけて見える。雇用者側が実質的な育児支援制度を設けずにいることが影響しているのではないだろうか。これらの女性たちが、どういった職種に就いているかについては、調査では明らかになっていないが、同調査における若手アシスタント・ディレクターへのインタビュー内容から、その多くはアシスタント・ディレクター等のアシスタント職で、番組制作における意思決定という観点からすると、残念ながら下位に位置する職位のほうに多くの女性が存在しているのだと推察することができる。

3 女性化するアシスタント・ディレクター職

本調査でインタビューの対象となったアシスタント・ディレクターはすべて女性である。また、前述のとおり、雇用が不安定になるほど女性が多く存在しているのが、現在の制作会社の現状であると考えられる。さらに、本調査における各プロデューサーやディレクター、また社員アシスタント・ディレクターたちの口からも、派遣アシスタント・ディレクターに女性が多いことが語られがちであった。

主婦のパート労働の問題に代表されるように、男性稼ぎ主モデルのイデオロギーや男性中心主義のヒエラルキー構造に支えられた、日本企業における「ジェンダーの身分制」(金 2017)はかねてから議論となっているが、番組制作過程の内部には、まるで「母」のようにスタッフのケアを引き受け、さらには男性上司の「妻」のような立場で献身するという、仕事内容が「主婦」のような女性たちが存在している(花野 2015)ことも明らかになっている。

今回の調査においては、女性がこういった能力を発揮することを肯定的にとらえている男性や、厳しい環境にあるスタッフをケアしていくことを使命のように感じている女性プロデューサーなど、さまざまな立場からの語りを聞くことができた。そして、経済的にも時間的にも厳しさが増す現在の番組制作過程において、若い女性アシスタント・ディレクターたちが仕事として繊細かつ不定形な仕事を臨機応変にこなしながら、将来的に家庭においてもケア役割をこなしていくことは不可能であると判断し、業界からの退出または比較的時間にゆとりがもてる職種(アシスタント・プロデューサーなど)に転換することを考えがちであることも明らかとなった。以上の観点より、先輩世代の女性たちのキャリア形成をたどりながら、次節からは詳細なインタビュー分析を行っていく。

〔参考文献〕
金英　2017『主婦パートタイマーの処遇格差はなぜ再生産されるのか――スーパーマーケット産業のジェンダー分析』ミネルヴァ書房
四方由美・北出真紀恵・小玉美意子・石山玲子・花野泰子・林怡蓁　2016「放送で働く男女に関する実態調査――女性たちは〝活躍〟できているか」ジェンダー平等をめざす藤枝澪子基金助成報告書
日本マスコミ文化情報労組会議（MIC）2020「メディアの女性管理職割合調査の結果について」（3月6日）shimbunroren.or.jp 20200306MIC-1.pdf（2022年1月10日閲覧）
花野泰子　2015「テレビ番組制作における女性のキャリア形成」『東京女子大学紀要論集』66巻1号：119-140
民放労連　2021「全国・在京・在阪　民放テレビ局の女性割合調査　結果報告2021／5／24」https://www.minpororen.jp/?p=1815（2022年1月10日閲覧）

（花野泰子）

5-2 女性たちのキャリア形成に向けて

1 女性アシスタント・ディレクターの未来――プロデューサーを目指す理由

女性アシスタント・ディレクターへの「高い」評価と昇格の壁

第2章で紹介したアシスタント・ディレクターのあやかさん（20代）、みさきさん（20代）が働く職場ではアシスタント・ディレクターはほぼ全員女性だ。一方、彼女たちが仕えるディレクターは30代から40代前半がメインでこちらは大半が男性である。

アシスタント・ディレクターには、ディレクターを補佐する役割という大枠があるだけで、具体的な業務内容は個々のケースで変わる。ディレクターの意を汲んで臨機応変に対応する能力が求められる。番組、取り上げるトピックス、ディレクターによって、さらには同じディレクターでもそのときの気分によって、求められる仕事が変わる。女性アシスタント・ディレクターの仕事ぶりへの評価は高いのだが、その評価は、明確な指示なしに、そのとき、その場で期待された業務を判断し、的確に動く能力の高さを意味する。時間に追われるディレクターにとって、マニュアル化しにくい細々とした作業を、阿吽《あうん》の呼吸でこなせるアシスタントは貴重な存在だ。だが、それらは番組制作の職能とは別の基準であるため、昇進の理由にはなりにくい。つまり便利な存在としてアシスタントの地位にとどまる状況をつくりやすいのである。

育児休業制度は画餅

さらに厚い壁は・育児でのケア役割だ。30代半ばのみほさんは、入社した2006年当時には結婚した女性が退職するのは当たり前で、「私が入ったときは女性は誰も、ひとりも結婚していなかった」という。ディレクターが出産後も仕事を続けるようになったのはここ数年のことで、「結婚して子どもを産んだらもう辞めなきゃいけないっていうか、辞めざるをえない状況」が続き、「そもそも結婚してたら働いちゃいけない、みたいな空気が」残っていた。

育児・介護休業法（正式名称「育児休業、介護休業等育児又は家族介護を行う労働者の福祉に関する法律」）成立は1995年であった。だが制作会社で働く女性ディレクターにとって、それは長い間「画に描いた餅」で、仕事か育児かの二者択一が業界の常識だった。中規模の制作会社を経営するひであきさん（60代）は優秀なディレクターを育てたいと述べ、また女性の働きを認めつつも、放送局や大規模な制作会社とは異なる「経営的に厳しい現実」を本音で語った。

――女の子のほうがよう働きますよね。ただ、やっぱり経営レベルで言うと、これまた、ジェンダーで言うたら怒られるのかもしれないんだけど、やっぱり女性の場合にご結婚なさって子どもを産んでっていう、節目のところでこの仕事をほんまに続けていくのかどうかっていう部分が。やっぱりわれわれとして、育ててきてんから続けてほしいし、やっぱり大きいのは大きいですよね。（中略）われわれプロダクションで、ディレクターとしてついて、ギリギリの人数でやってるなかで、育休産休取られたら、どないするねん、っていうのはありますよね。ほな、その間、ディレクターどう手配するねんかたや、戻ってきたら戻ってきたで、ほなまた、どうするねん。

産前産後休暇の際の代替を確保できない問題は、中小規模の事業所共通の悩みである。仕事そのものがきつい番組制作会社の経営者は、いまだに「女性は使いにくい」という認識から抜けきれないところがある。

「家庭生活との両立可能性」でプロデューサーを目指す

アシスタント・ディレクターのあやかさんが将来プロデューサーを目指すのも「体力的に、その、ついていけなくなっちゃうだろうなぁって」という理由であり、そして、家庭生活との両立を図りたいからでもある。あやかさんによると、「ディレクターに残っていくっていうのが、やっぱり男性が多」く、「女性は基本的にディレクターよりも、AP（アシスタント・プロデューサー）のほうに行っちゃう人が多」い。つまり、「プロデューサーとかAPさんは女性のほうが多い」というのである。その理由は、ディレクターと比較してプロデューサーは拘束時間が短く、家庭生活と両立させやすいからだという。

ディレクターの作業を一番間近で見てて、大変、がやっぱり目立つ。この作業をずっと続けられるかって考えると、けっこう厳しいなって思う。チャレンジはしてみたいけど、じゃあこれを、定年近くまで続けていくかって言われたら、無理だと思って、もう。（あやかさん）

映像制作の仕事を続けたいと願っているが、両立を実現している先輩を知らないので、この先のキャリアについてイメージできない。アシスタント・ディレクター歴5年のみさきさんも、現状に限界を感じている。映像の仕事は続けたいが、バラエティ番組のスタッフでいると将来が見通せないのである。

では実際に制作会社で働く彼女たちの先輩は、どのようにしてキャリアを築いてきたのだろうか。ロールモデルに出会えない彼女たちのためにも、本書第1章で概要を示したテレビ局や制作会社をめぐる社会変化を意識しつつ、先輩にあたるプロデューサー女性たちの経験を紹介しよう。

2　現役女性プロデューサーたちのキャリア形成過程

以下では40代から50代の3人の女性プロデューサーのキャリア形成についてのインタビューを紹介する。彼女たちのこれまでの経験をふまえた職場や仕事をめぐる語りは、1980年代以降のテレビ業界における状況の変化と、ジェンダーに関して変わりにくい側面を映し出す。

職場の不条理と立ち向かう——くみこさんの場合

現在民放キー局系列の大手の番組制作会社に勤め、番組プロデューサーとして仕事をしているくみこさん(40代後半)が就職活動をした1992年当時、在京のテレビ・キー局には短大卒の採用枠はなかった。

短大卒女子を排除した放送局

男女雇用機会均等法が成立したのは1985年。これを契機として、放送局の番組制作部門での女性正社員採用が本格化した。当時は女子の進学先として短期大学に人気があり、一般企業も短大卒女性を歓迎していたが、放送局正社員の採用は男女ともに四年制大学卒を条件とし、しかも女性採用はごく少数だった。

放送局が人気の就職先となり、いわゆる偏差値の高い大学の男女卒業生が正社員として狭き門をくぐる一方で、試験に受からなかった人たちは、制作会社に向かった。今回のインタビューでも、複数の男性ディレクターたちが民放キー局全社を受けたが合格できず、制作会社に就職した経緯を語っている。テレビ局系列の制作会社も短大や専門学校卒業生を採用しなかった。また小規模会社はフォーマルな採用試験自体を実施しない。そうした状況のもと、女性たちがテレビ番組制作に参加する回路の一つが、規模の小さな制作会社だった。

40代後半のくみこさんは、音楽番組が好きなテレビっ子で、お気に入りの番組のエンドロールを全部見たうえで就職活動をした。在京キー局にも問い合わせ、局の関連会社も探したが「制作は全部四大卒」。

エンドロールに名前のあった関連会社のうちから、短大卒で受験可能で、かつ企画部がある技術系会社を探し出し、志望した。面接ではなぜ制作会社を受けないのかと不審がられ、追及された。

——素直に言ったんですね。資格がない、と。入ればいいとおっしゃるけれども、私は自分の人生と自分の能力が低かったのかもしれないけど、短大を選んでしまった、と。なので、その学歴は変えられないので、入るところがないんですというお話をしていたら、皆さん黙っちゃったんですよ。

「男子は四大、女子は短大」という高等教育におけるジェンダー・バイアスが存在する一方で[1]、男女の受験資格を揃えて女性も「男並み」にしたため、多くの女性が番組制作の入り口から締め出された。だが、くみこさんは運がよかった。社長が彼女の番組制作への熱意を理解し、採用となっただけでなく、テレビ局からの出向だった社長が、彼女の希望を受けとめ、技術研修の後に3カ月間、テレビ局の人気音楽番組に「里子に出し」（制作会社からの出向）、アシスタント・ディレクターを経験させた。

同性による激しいイジメ

ジェンダー平等やパワー・ハラスメントといった概念も今日のようには知られていなかった。例外的存在だった女性アシスタント・ディレクターの置かれた状況は過酷で、仮眠室も風呂も男性用しかなかった。汗まみれの彼女を気の毒がって、大道具や衣装スタッフが内緒で出演者用のシャワーを使わせてくれた。

制作現場では、女性アイドルのケアができる女性アシスタント・ディレクターとしても重宝される一方で、現場を離れると、トイレで取り囲まれ難詰されるなど、事務職女性たちからのいじめを経験した。同時期には他局の男性アイドル番組担当の女性アシスタント・ディレクターが、事務職女性に髪を切られ、「根性焼き」（タバコの火を押し付ける）をされる被害に遭って退職していたという。

会議室に呼ばれて、おまえと同い年の女の子がそういうことをされた、と。自分の命にかかわる以上に大切なことはないから、そのときは仕事を放棄してでも逃げろ、と言われて。でも私、怖いというよりも怒りのほうが。自分もされているので悔しくて。なんでこれからディレクターを頑張りたいと思って、たまたまついた番組がアイドルで、（中略）なんでこんな仕打ち受けなくちゃいけない、と。

当時テレビ局で働く女性が人気アイドルの出演番組に携わることは例外的だった。多くの女性たちにとってありえない立場にいたくみこさんは、「えこひいき」された存在と見なされ、いじめのターゲットになったのだ。

繰り返した転職

くみこさんは、その後もディレクターからは怒鳴られ続け、残業は月260時間を超えて寝不足が続き、テレビ局の屋上の柵を乗り越えてしまいそうになったこともある。「過労死」寸前だったのだ。約束の3

カ月後に元の会社に戻り、ドキュメンタリー制作をした後、２年後にフリーとなって多くの職場を経験した。バブル崩壊後だったが、テレビ業界にはまだゆとりがあり、仕事先には困らなかった。テレビ局の広報（契約社員）、番組デスク（業務委託）、そして正社員として番組制作会社プロデューサーとなった。

だが正社員として並行して四つの番組を担当し、２８０時間超の残業で体を壊した際、上司からのひどいパワハラに遭い、退職した。放送業界から去ることを考え、１年休養してまったく異なる職種の資格を取ったが、経済的な厳しさに直面して再度方向転換し、37歳のときテレビ業界に復帰した。現在の勤務先番組制作会社でまずは派遣社員の身分でアシスタント・プロデューサーに採用されたのち、４年後には正社員のプロデューサーになり、現在は管理職待遇である。若いときに過酷な経験をしたわけだが、現在ではそれらすべてがのちの仕事に役立ったと、前向きにとらえている。

後継スタッフ育成の体制づくりを目指す

くみこさんは結婚はせず、子どもはいないが、現在、介護が必要な母がいる。フレックス制勤務を利用し、母の介護を担いながら、プロデューサーを続けている。給与は年俸制であるが、中途採用であることをおもな理由に経験や実績が反映されない等級に査定され、年収は４００万~６００万の範囲にとどまる。これは後輩の男性よりも低額であり不条理である。しかし、重要なのは自分の収入を上げることより、システムを変え社員全体が仕事をしやすい会社にすることだと考えるくみこさんだ。

今もっとも心を砕いているのは、後継のスタッフ育成である。激務のうえ怒鳴られまくったとはいえ、自分を育ててくれようとした当時のディレクターには感謝の念が強い。それだけに、会社がアシスタント・ディレクターを雑務係にしており、ディレクターとして育てないことに強い怒りを覚える。

くみこさんの所属する制作会社は、生放送の情報バラエティ番組制作ではなく、ＮＨＫや民放キー局の教育・教養系の番組制作が中心だ。彼女自身は番組制作全般に携わった経験を生かしてプロデューサーを務めている。そんな彼女には、アシスタント・ディレクターを経験しても番組全体を見通すことができないまま、「肩書だけ」ディレクターになり、企画書も書けない若い世代を生み出している今の現場が歯がゆい。番組制作の分業化の浸透に強い危機意識を抱く。

> 一つの番組をつくるのに、ゼロから１００までの工程があるものを、うちのコたちは10から20までしか覚えていないんですよ。（中略）自分たちが撮ってきたものがどうつながって、つないだものをどう上が判断して直されて、どうしてそこを直されて、それがダメだったかを知らないんです。（中略）要は、働き方改革ということをいいことに分業し過ぎて、お金も払えないから分業し過ぎて、番組を１本つくることを知らない。

番組全体を見通す目をもっているのは、テレビのよき時代、「それなりに（会社が）裕福だったときのスタッフ」たちだという。当時の番組制作を経験したのが、自身を含めた「先輩たち」だけであるのが残念であり、また、それら「先輩たち」が「居座っている」現状も問題だと思っている。天井が厚すぎて若い芽

が伸びていけない状態だ。自分は育ててもらって今があるのに、苦労して育てたアシスタント・ディレクターやディレクターが辞めていくのを止められないのが一番辛い。「教えてもらったことは忘れません、でも頑張れなくてごめんなさい」と辞めていく若い人を止められないで涙を流すこともある。その辛さをバネに上司や会社全体のあり方を改善したい。

くみこさんは、会社のあり方を見直し、次世代を育てる社内体制づくりに意欲を燃やすが、容易には進まず、孤立無援、孤軍奮闘といった状態だという。それでもあきらめず、減衰期のテレビ現場で日々の断片的な作業に追われる次世代を「使い捨て」「捨て駒」にさせないために、テレビ業界の好調期を経験した世代のひとりとして踏ん張っている。

「ひとり屋台方式」——ともこさんの場合

ともこさん（50代前半）は小規模制作会社のプロデューサーである。民放キー局やNHKBSで放送される教育・教養系番組の受注制作を主業務とする。最近はYouTube動画の制作も始めた。ディレクターである社長以下社員は7人ほどで、番組を受注すると、気心の知れたフリー・ディレクターを番組契約で雇う。番組へのスタッフの派遣はしていない。ともこさんの年収は600万〜800万円程度である。

この業界に入った1990年代初めは、本当に女性が少なく、現場スタッフの紅一点という状況だった。最近は女性の増加を実感している。

これまで、女性だからといって仕事がやりにくいと感じたことはないというが、その発言はときに揺らいだ。

ずっと、そうですね。男女というよりも、実力主義だからだと思いますね。自分でそう思ってずっとやってきたんで。企画が通らないときも、女だからなめられたんじゃないかとかいうふうに言う人もいるかもしれないけど、私は一度も、あんまりそう思ったことないです。（中略）でもね、うそです。〔性差別的な経験が〕ゼロではないと思います。今までも、口にはあんまり出す人いなかったかな。でもいたかな。

最近は、ともこさん自身がキャリアを積んで現場でのベテランになったこと、制作現場に女性が増えたことにより、性差別的な視線や発話が封じられるようになったと感じている。

私は一番その現場で年上だったりする可能性もあったり、局のプロデューサーよりも年上だったりするので、そんなこと言う人はいませんけど。20代くらいのときだけですかね。そういう思いをしたのは。

ともこさんの発言からは、性差別的な扱いを受けても、それをかわしながら仕事を続けることで力をつけ、相手にそれを許さなくさせていった経緯がうかがえる。

「なりゆき」で美容業界から転職

ともこさんは最初から番組制作を志していたわけではかった。映像にかかわる仕事がしたいと漠然と思いつつも、ヘアメイクを目指して美容専門学校を卒業した。英語ができたことから海外で美容室を展開する会社で1年半ほど働いていた。

> お客さんで来てた人に、映画会社の人がいたんですよね。その人に、日本に帰ったら映画の仕事をしたいっていうような話をしたら、「じゃあ、うち来ない？」って言われて、そこにしばらく。

数年後その会社は倒産したが、失業中にアルバイト先のNHKで知り合った制作会社社長に「うち、来ないか？」と誘われ、入社したのが25歳のとき。入社試験はなかった。「だからなりゆき」と語る。

採用された会社は、社長の一存で採用が決まる15人ほどの規模で、NHKから徒歩圏にあった。アシスタント・ディレクターもアシスタント・プロデューサーも経験しないまま、ディレクターである社長に「突然プロデューサーにさせられちゃった」という。社長がNHK番組の構成作家だったため、社長の人脈で「NHK本体」（子会社を経由しないで直接受注することを指す）の仕事が多かった。「プロデューサーっていう名刺をもて」と言われ、仕事は「見よう見まね」で学んだ。肩書きはプロデューサーだったが、ディレクターと放送局側の橋渡し、調整役であった。30歳で退社したのも自分の意思というより、会社が独立を推奨したからだ。だがフリーになろうとは考えなかった。

私が30くらいのときは、フリーになる人が多かったかもしれません。今よりも映像業界が予算もまだあった頃だったので。フリーのほうが、ギャラがいい、よかったと思います。

ディレクターやカメラマンがフリーでも収入を得やすいのに比べ、プロデューサーの場合、大きな金額をひとりで扱うのは難しく、会社を起こすか、会社に所属するしかないと考えてのことだ。当時一緒に仕事をしていたフリー・ディレクターが立ち上げた会社に入社し、現在に至る。

「好きな仕事」を楽しむ

ともこさんは知恵を出し合ってつくっていくスタイルを好み、人々の力をまとめあげ、新たなものを生み出す挑戦に喜びを見出している。

〔番組を〕つくっていく過程もスリル満点で面白いですし、思ったとおりにならないので、ほとんどの場合が。思ったようには、人は動いてくれないし、都度、問題が大小。大はあんまりないですけど、小さな問題が日々起きている状況を、なんとなく客観的に見ながら楽しんでいつつ、それが形作られてたまっていって、放送されたり、人の目に触れるっていう、そこがやっぱり楽しいですかね。そこに幸福感を覚えてますかね。

長時間労働は気にならない。9時〜5時の仕事でないことは初めから承知のうえだった。休みの日も絶えずメールやZoomでのやりとりをしており、仕事と生活の垣根が低い状態が30年近く続くが労働条件への不満はない。今の働き方を「ひとり屋台方式」になぞらえ「自分の責任のもとに仕事をして、営業して仕事、企画して仕事してるんで。結局、私が労働条件とかに不満を言うって、自分に返ってくるんで、全部」と語る。

放送局員はやりたいことができていない

制作現場の男性ディレクターやアシスタント・ディレクターへのインタビューでは、同じ仕事をしているのに局員との待遇（特に報酬）の差が大きいことへの不満が多く聞かれた。しかし、ともこさんにはその点に不満はなく、局員になりたいとも思っていない。

〈局員は〉すごい縛られていると思いますよ、自分のやりたいこと、全然できてないと思いますし。給料はいいし、待遇もいいかもしれないけど。そうじゃなくて、やっぱり彼ら会社のために生きている部分がものすごく大きくあるから、昨日まで一緒に仕事してた人が、上司、人事異動で上司が飛ばされると、もろとも飛ばされるような風潮があるので、テレビ局、本当に多いんですよね、そういうの（中略）。だから本当に常にサラリーマンとして戦々恐々としてると思うし。だから私みたいに呑気に、やりたいことやれて楽しいっていう人、いないと思うんですよね。

制作会社の仕事が放送局に依存して成立する面は否定しないが、制作会社の社員のほうが自由裁量の度合いは高いとの自負がある。収入や社会的地位よりも、仕事をするうえでの独立性や自由度を重んじる。

――局依存と言いながらも、やりたくない番組はやらないですから。簡単に言うと、お断りしているので（中略）そこはけっこう、自分たちの裁量でできてる部分が、私の場合は大きく、幸せだと思ってます。

テレビ局の社員には、配置転換や転勤があり、年齢が上がると管理業務が主となって、番組制作に直接には携われなくなる。ともこさんにとっては年齢制限なしで映像制作にかかわり続けられることのほうが大切だ。

――プロデューサーはいくつまでもやれるんですよね。そう、80歳の人までいますからね。（中略）できる限り、やれる、自分の体の動く限りはずっとやってはいたいな、とは思っています。

動画配信サービスなどの普及によって、テレビ視聴が低迷している点に危機意識はもつが、大きな不安はない。映像作品を発表できる場はテレビに限定しなくてよいと前向きにとらえている。放送局依存を脱することを模索中で、自分たちで著作権をもつことを目指し、未来を見据えて自社作品をウェブサイトで発信し始めたところである。

「求む！女性プロデューサー」――ゆうこさんの場合

ゆうこさんは、東北地方出身で50代の「テレビで育った」テレビっ子だ。今は、中規模番組制作会社でプロデューサーとして確固たる地位を築いているが、最初からこの仕事を目指したわけではなかった。漠然と映像の仕事がしたいとイメージしていたものの、テレビの仕事に就こうとまで思うには至らず、大学は、「映画のほうが頭のいい人が多くて難しいから、おまえには無理」と言われ、放送学科に進んだ。就職試験はどこも受けず、学生アルバイトで雑用係をしていた番組制作会社に卒業後そのまま入社した。

ロールモデルのプロデューサーに学ぶ

就職先は、ドキュメンタリーを中心に制作する会社だった。ゆうこさんは入社以来一度もディレクターをしたことはない。ドキュメンタリー番組制作でのディレクターの仕事は、細分化し、分業が進んだ情報ワイド番組のディレクターとはまた異なる面で精神的・身体的に過酷だ。

やろうとも思わなかったですね。バイト中にディレクターは大変だなっていうのを、もうだいぶ見てしまったので、とても私にはできないなっていう。（中略）特に私が見てた先輩たちっていうのは、人間のあり方みたいなものまで突きつけられていて。（中略）自分にそのキャパシティはないな、っていうふうに感じた。（中略）ディレクターの人たち、本当にもう真剣勝負で付き合って、それを1カ月とか続けてたりするっていうのは、自分では無理だなと思って。ただいろんなアイデア考えたりするのは好きだったので、そういうプロデューサー的な仕事のほうがまだできるのかなと思って、なんとなくそっちに。

制作会社で最初からプロデューサーという人は、当時も今も少ない。だが幸運にも入社した会社には業界でその活躍が知られる女性プロデューサーがいた。「師匠みたいな先輩」である。この女性から多くを学ぶことができた。

「スターディレクター」の養成

ゆうこさんは20代後半に半年間休職後、復職。新たなメディアの立ち上げにかかわるなどしたが、挫折し、環境を変えたいと退社し、現在の会社に移ったのが30歳である。仕事仲間から一緒に新しい番組をやろうと声をかけられた。前の職場と同様、新たな職場もドキュメンタリー系番組制作が中心だ。完成させた作品を放送局に納入する。一本の番組にかける制作時間も長い。放送局からディレクター派遣の要請を受けることもあるが、スタッフ派遣はしない。会社としてスタッフを大切にする経営方針があり、「預けて何かぼろ雑巾のように使われるところには出さない」。

ゆうこさんの仕事はリサーチして作成した企画を放送局に売り込むことである。簡単には成功しないので、幾度も修正を繰り返す。企画が通るとスタッフを決め、その後はディレクターひとりに全部任せる形をとる。その際、アシスタント・ディレクターはつけない。分業化をせずにディレクターは調べ物や届け物といった細々した仕事もすべて自分で受け持つ。これはＮＨＫの制作体制を参考にした。(2)

ＮＨＫはみんな基本そうですもんね。あのスタイルがいいなってことになって、わりと自分で全部やる代わりに、ディレクターに早くさせるからってことで。

新入社員には未経験者、他の職種からの転職、他社からの転籍組もいるが、2年めくらいでディレクターとして独り立ちできるように育てる。30名弱の社員は男女ほぼ同数。ごく最近までフォーマルな入社試験はせず、いわゆる「飛び込み」の志望者を受け入れてきた。比較的早く独り立ちのディレクターになれるケースが多いのは、強い意志をもっている人が多いからだという。

ゆうこさんは、一緒に泊まり込んで編集し、共に修正作業をしながらディレクターを育てた時期もあったが、むしろ任せたほうが結果的に伸びていくということがわかり、10年ほど前からそうした指導はやめ、指示だけして後は任せる方式に変えた。

制作期間は平均すると1時間番組で3～4カ月、放送局に届ける3～4日前にチェックする。20代後半から30代前半でテレビ局から、「何々さんで頼みたいんだよね」と指名される「テレビ局スターディレクター」に育つよう、後方支援を心がける。

まだ少ない女性プロデューサー

プロデューサーに向くのは、「企画力があり、物事を俯瞰的に見ることができ、営業力がある人」である。ところが資質のあるスタッフのなかに、プロデューサー志望者がほとんどいないのが今の課題である。まわりはゆうこさんと同年代のプロデューサーばかりだ。ディレクターよりもやりやすい仕事であるとは思うのに、全体で見ると女性が少ない。「制作会社にはそこそこいると思いますけど、数としては男の人のほうが多いし、やっぱりテレビ局も男性が多いんで。テレビ局なんてだいたい、男性じゃないですか」と、男性が圧倒的に多い現状に不満を隠さない。「求む、女性プロデューサー志望者」という気持ちだ。転勤や異動が多く、年齢が上がると管理職になって現場を離れていく放送局社員のキャリアパスを観察し、ゆうこさんも、ともこさん同様、制作会社でのキャリアのほうがよいと語る。

給料もテレビ局ほどはもらえないけど、やっぱり現場にいられるし、管理職になるとすごい書類とかいろいろ大変みたいで、テレビ局とかも。そういうのに忙殺されているのを見ると、制作会社でよかったなと思うときのほうが多いですね。

現場での仕事を長く継続し、これから先も続けたい。そのためにも後続世代、特に女性が仕事を続けやすい環境にしたいというゆうこさんの話からは、女性が、キャリア形成するうえで、それぞれにふさわしいロールモデルや支援者に出会うことの大切さが伝わってきた。

3　女性のキャリア形成を阻む要因

ここまで、三人三様の女性プロデューサーのキャリア形成の事例を見てきた。それぞれの事情は異なるものの、総じて、女性のキャリア形成にとって、いくつかの壁があることは間違いない。一つはセクハラとパワハラ、もう一つはライフイベントとの両立である。

セクハラ・パワハラの起きやすい職場

プロデューサーとして企画案を売り込む営業をする際、同性だとやりやすいとか、自分が女性だからやりにくいと思ったことはなく、大切なのは「人」の見極めだという意見が強い。つまり、性別や地位だけでなく、その人自身を見極めねばならない。テレビ局のなかで権力をもつ人、センスの合う人、見極めるべき点は多い。ゆうこさんは、「まったく力がなかったら、やっぱりいい企画でも通らない」が、権力がある人のなかには、パワーハラスメントをする人もかなり多いことを指摘した。制作会社と対等な関係性をもとうとせず、見下し、罵倒するような人はここ数年で減ったようには感じている。テレビ局側が、制作会社に接する立場にそうした性向の人を配置しないようになった可能性もあると見ている。ただしパワハラのリスクは、常にある。リスクの高い局員の多い部署にはあえて企画を出さないといった工夫をして回避しているという。対等な関係性を築ける「人」を見出す眼力が重要になる。

セクハラも問題である。近年、メディア産業でのセクハラ被害当事者による出版物も発行された（WiM

N編著 2020）。

ある人にとっては、いいプロデューサーなんですよ、やっぱり。それで、セクハラも誰に対しても平均的にするわけじゃなくて、やっぱり選んでやるんで、この人にやっちゃいけないっていう人にはやらないいんですよね。（中略）うちの場合は直接そういうのがなかったから、噂レベルだけで終わってますけれど、実際あったんだろうと思います。だから、社外、いっぱいあるんだろうと。（中略）いっときは、そういう宴会みたいなことがあって、若いＡＰさんとか女性のＡＰさんにやっぱりっていうの聞きましたけど。（ゆうこさん）

「やっちゃいけない人」が個人の資質を指すのか、所属する制作会社の放送局との力関係によるのかは語られていないが、「うちの場合は」という発言からは、後者の可能性がうかがえる。ゆうこさんは、セクハラの状況は２０１０年頃にだいぶ変わり、女性にとってはよい方向になったと感じている。10年以上前は、今より周囲で頻繁に噂を耳にした。特に問題が起こりやすいのが酒席だ。

番組制作者にとって、人とのつながり、いわゆる人脈が重要な資源であることは、本書の各所で指摘してきた。男性プロデューサーやディレクターの発言にも、「人間関係」や「つながり」といった言葉が頻繁に出現し、その重要性が示唆される。とりわけ男性の人脈には、出身大学（学閥）が重要な役割を果たすことがうかがえた。しかし、ここであげた3人の女性プロデューサーは、そうした学閥とは無縁だ。彼女たちも仕事先との個人的な関係を深める付き合いの場として「飲み会」を位置づけているが、「飲み会」はセクハラの温床になりやすい。

ベテラン女性プロデューサーたちの今日があるのは、企画を通すためにどのような相手がよいか、人を見極め、的確なターゲットに絞って交渉し、信頼関係のもとで実績を積み上げ、セクハラやパワハラのリスクを回避してきた結果だと言えるだろう。ともこさんやゆうこさんの場合、所属会社が、売上最重視ではなく、堅実な安定志向であることがそれを可能にしている。ゆうこさんには売上を上げるために仕事を断れない状況で働く女性プロデューサーから「仕事を辞めたい」と相談された経験がある。(3)

難しい子育てとの両立

女性たちが仕事を続けられなくなる最大の要因が出産・育児との両立困難である。現在、ゆうこさんの会社では産休や育休を取得する女性ディレクターもおり、別会社のディレクターとの結婚や社内結婚で子どもを産んで仕事を続ける女性もいる。「子どもが連れてこられる部屋とかをつくろうかとか、そういう話はちょこちょこしてます」。

だが当事者から子連れでは仕事がしにくいとの意見もあるし、ニーズは多様で簡単には進まない。制作会社はテレビ局の近くに事務所を置くケースも多いので、土地提供者を募って関係者のための託児所を整備してはどうかとのアイデアもあるが、手つかずだ。ゆうこさんも、「とにかく辞めてもらったら困る」のでいろいろ考えてはいるが、実際にはなかなか進展しないのがもどかしい。性別にかかわらずディレクターを採用し、アシスタント・ディレクターはさせずに、育ったディレクターが仕事を続けやすいように職場環境を整えたいという。

ジェンダー平等の環境づくりと経営状態

ジェンダー平等な職場環境を整備することに前向きかそうでないか。女性が仕事を続けるには前者がよいのは当然だ。だがその違いは経営者の世代やジェンダー意識だけに還元しきれない面がある。会社の経営状態だ。ゆうこさんの所属会社の規模は大きくないが経営状態は良好のようだ(4)。

リーマンショック以降、広告費収入が減り、制作費の削減が制作会社の経営に苦境をもたらしたが、その影響は一様ではなかった。特にＮＨＫ関連会社や民放キー局でのドキュメンタリー番組部門の安定した番組枠での仕事の場合には、それほど大きな影響を受けずに済んだという。設立以来一貫してドキュメンタリー系番組の制作を核としてきたのがゆうこさんの会社であり、結局のところ、制作会社経営にとっては、不況の影響を受けにくいＮＨＫ番組の受託がかなり重要になっているという現実がある(5)。

4　男性たちのワーク・ライフ・バランス志向

現在の業界はまだまだ男社会で、権力は男性に集中しており、意思決定の場に女性たちが増えるスピードは遅い。この状況を変えるには、男性が自身の仕事ぶりや生活ぶりを見直して変えることも重要だが、インタビュー対象のなかにはそうした変化を経験している男性の語りがあった。ここでは、制作会社で働く男性たちの変化の一部を紹介したい。

「仕事一筋」の生き方を変えたい――40代プロデューサーあつしさん

あつしさんは40代になったばかりで現在はテレビ局系列の大規模制作会社でプロデューサーとして働いている。意欲のあるのは「男子より女子のほう」で、キャリアについても「女の子のほうが、わりとシビアに考えてる」と見ている。また「女性の局Pの方とやりあうと、本当に一癖あって。じゃないと残ってらっしゃらないですね」と男社会で仕事をしている女性の手強さを語り、自分の会社の女性プロデューサーについても「独身でバリバリな人」の印象を抱いており、「そういう人しか残れない業界だ」と認識している。性別による能力差は感じていないが「自分が男でよかったと思うのは結婚・出産がない点」だとも発言していることから、こうしたライフイベントが仕事上女性に不利をもたらすと認識している様子である。

あつしさんは、仕事中心の毎日を送り、一時は2倍働いてもいいとまで考えていた。ところが働き方改革がきっかけとなり、仕事漬けの日常から脱する必要性を自覚し、「いろいろわれに返って」、現在は婚活しているという。「仕事ばかりやってたんで、ふと気づくと何もない。やばいなと思って、ちょっと生き方、変えようと思って」。

今後、あつしさんが結婚して、妊娠や出産・育児といった事柄への考え方や理解がどう変わり、ひいては制作する番組内容にどんな変化が起きるのか、興味深い。

ライフイベントで職場を変えた――30代ディレクターしょうへいさん

しょうへいさんは、大学はメディア学科で学び、社員20人前後の制作会社（社員は男性が7、女性が3の割合）に就職し、アシスタント・ディレクター経験後、ディレクターとして9年間報道番組・情報ワイド番組に携わった。労働条件はよくないが、「やりがい」をもち、大きな不満を抱かずに働くが、常に時間制約のプレッシャーがあり、2時間番組の制作で4日間眠れないハードな経験もした。だが最近、制作会社を辞め、映像編集の会社に移った。先の会社での仕事はすべてやりきったと感じたこと、もう一つが子どもをもち、ワーク・ライフ・バランスの視点で仕事一辺倒の毎日を見直したことである。

子どももできて、先々のこと考えて。海外ロケとかいうのも今考えたらものすごくいい経験で面白かったなと思うんですけど、もうちょっと家庭に目を向けたいなって思ったときに、今のままの会社でいいのかなっていうのは正直思いました。

これまで、「立ち止まったらおしまい」と仕事に邁進していたが、現在は映像クリエイターとして基本的に10時〜18時の勤務である。繁忙期はあるものの、代休も取れ、育休もある。

家のことをいろいろとできる時間もできましたし、考える時間もできましたし。（中略）昔みたいに、僕らの上なんかはもうみんな、残業時間なんて関係ないから面白いもんつくろうっていうだけの人間だったんで。

しょうへいさんは自分が先行世代と同じ道を走っていることに気づき、立ち止まった。クリエイティブでやりがいのある仕事と家族との生活、その双方を大事にする方向で新たなステージに向かっている。将来再びテレビ番組制作に戻る可能性を否定はしないが、近い将来ではない。

「ママさんプロデューサー」を評価――50代フリー・ディレクターかずひこさん

かずひこさんは、大学卒業直後に制作会社に就職したのち、20代で独立。以来フリー・ディレクターとなり、NHKBS番組などの企画演出をしている。自身が母子家庭で女きょうだいに囲まれて育ったこともあり、女性とのほうが仕事をしやすいという。制作する番組の分野によってはジェンダーに偏りがあり、スポーツや宇宙のジャンルは「男ネタ」で、共に仕事をするのは男性が多くなる。逆に海外取材の多い番組のケースでは、制作会社の社長、プロデューサー、アシスタント・ディレクターのすべてが女性。社長が女性の会社には、スタッフも女性が多く、多様なライフステージの女性が働いていると見る。「今までずっとママさんだったけど復帰したいっていうことで『仕事を何年かぶりにやりました』っていう、ママさんやりながらプロデューサーやって」そんな女性たちと仕事をしている。

また、かずひこさんは、現場経験に基づいて、同程度のキャリアのアシスタント・ディレクターを数人しか雇えない会社なら男子を入れるのはむしろリスクだと語る。

そんなもん女子のほうがいいに決まっとる。（中略）リスクを減らすためには女子、入れたほうがいいに決まっているじゃないかって、俺は。大きい会社で5、6人採れるんならともかく、ひとりとか2人だったら女子のほうがいいに決まってると思います。

女性はキャリアが続かないと言われているが、かずひこさんは続けている女性を知っているので気にしない。家庭生活の経験も番組をつくるうえでのスキルアップにつながるので、結婚や育児が女性の番組制作能力にとってマイナスになるとは考えない。番組制作での経験という範囲内ではなく、キャリアをより広く、人としての経験ととらえる。「ママさんとかのほうが、だって、交渉上手だから。そこの部分は、生きてた年数が、まんま、そこに上積みされる、キャリアってそういうことだと思っていて」という。ディレクターだけでなく、プロデューサーの場合も、出産・育児でいったん仕事を離れて、再度戻って来た「ママさんプロデューサー」を高く評価するゆえんだ。

かずひこさんは、むしろ、仕事だけで充足し、レギュラー番組の仕組みのなかで生きているだけだと、その仕組みから出たとき、スキルも意識も不足し、評価されない制作者となってしまう危険があると考えている。そうした例を男性でも女性でも見てきた。評価が下がれば、モチベーションを失いかねない。仕事だけでない人間関係や結婚や離婚、育児などのライフイベントは、「人との付き合い方」の一つで、その経験を通じて得るものは大切だという。

表現行為である限り、結婚はともかくとして、社会とあまりにも距離をとろうとする姿勢は決してプラスではないだろう。社会と向き合わない限りは、俺たちの商売には、なっていかないよ。

かずひこさんのような、ジェンダーに関する柔軟な見方は、組織運営の観点というよりも、個人としてフリーランスの立場を続けているゆえだろうか。かずひこさんほど明確に語られなかったものの、30代のしょうへいさん、40代のあつしさんも、「仕事だけ」の働き方に疑問をもち、自分の生き方の方向転換を図っていた。その際のキーワードは、結婚と子ども、だった。こうした男性が増えていくことは確かなのだろう。男性の間にワーク・ライフ・バランスへの志向が広がっている。

5　番組制作現場のジェンダー・アンバランスのゆくえ

男女雇用機会均等法が改正を繰り返して次第に強化されるなど、正規雇用の社員が働く場でのジェンダー・アンバランスは改善される一方で、非正規雇用に占める女性比率は相変わらず高い。番組制作現場では男女格差だけでなく、放送局正社員と「下請け」の番組制作会社の社員との格差、さらに番組制作会社内での規模別格差、制作する番組ジャンルによる格差、制作会社に雇用される形態別格差などが複雑に交錯している。

経済環境変化のしわ寄せを受けやすいのが、女性であることはつとに指摘されているが、放送業界も例外ではない。女性のキャリア形成の2大障壁は、仕事と子育ての両立困難、セクハラなどのジェンダー・ハラスメントにあるが、法整備が進んでも、放送局や大規模制作会社の正社員を除くと現場の女性たちにはそのメリットが届きにくく、個人的な工夫や努力による回避や克服のレベルにとどまってきた。個人的な努力や戦略と何らかの幸運とで困難を切り抜けられた女性だけが、キャリアをまっとうできる環境だったと言える。

だがそうしたなかで、男性たちに生じつつある変化も認めることができた。男性のワーク・ライフ・バランス志向は、職場の変化を促進させる可能性がある。ただし、これまで女性のキャリア形成を阻んできた番組制作業界の歴史を振り返ると、こうした男性の変化を手放しでは賞賛するのにはためらいが残る。女性に強いられてきた「結婚し、子育て中心」のライフスタイルを離れ、「好きな仕事・やりがいある仕事」に就くことができるようになったのは歴史的に見ればごく最近だ。しかも多くの制作会社の女性たちにとっては、いわゆる「男並み」の「仕事メイン」の生き方さえようやく許容されたばかりで、結婚退職、出産退職が当然視される環境が続いてきた。

番組制作会社をとりまく経済状況は厳しさを増している。ワーク・ライフ・バランスを、人生において、また毎日の生活で女性が実現できずにいる一方で、男性のほうがそれを実現しやすいという皮肉なジェンダー・アンバランスも垣間見える。

今回インタビューできた情報番組の若いアシスタント・ディレクターの女性たちは、仕事と家庭生活の両立を望みつつも、明確なキャリアプランをもてないでいる様子だった。インタビューした先行世代の女性プロデューサーたちにも必ずしも明確なキャリアプランがあったわけではなかった。ただし先行世代がこの業界でのキャリアを築けた背景には「テレビのよき時代」があった。この業界で無事に仕事を続けられる女性はごく稀で、彼女たちはワーク・ライフ・バランスを望むより、仕事の面白さを重視した。現在の若い女性たちはより厳しいテレビ界の現実のなかで、しかもワーク・ライフ・バランスをよしとする価値観をもちながらキャリアを積み上げようとしている。若い世代が望む人生をきり拓いていけるよう応援するには、女性たちのキャリアに関する理想と現実とのギャップを埋めるよう、業界がジェンダーに関する不公平の解消を目指し、積極的な改善策をとることが不可欠である。

〔注〕

（1）1985年の男性の4年制生大学進学率は38・6%。女性は13・7%（学校基本統計による）。

（2）NHKの場合は、アシスタント・ディレクターを置かず、番組に関する交渉や細かな作業など民放ではアシスタント・ディレクターが担う業務を担当ディレクターが行ってきた。番組制作の全工程を把握できるメリットがある。ただし、近年はアシスタント・ディレクター制を導入するケースもあるようだ。

（3）セクハラ被害も育児との両立困難も、（女性が個人的に解決すべき問題ではないにもかかわらず）退職という形で女性が負うことになりやすい。職業継続のためという理由で女性がプロデューサーを志向するのにも共通の面がある。セクハラ被害救済や防止に消極的な業界のあり方と、ディレクター志望の女性がキャリア変更を暗黙裡に強いられる状況は、極端にアンバランスな業界のジェンダー構造が一因であることは明らかだ。

（4）ゆうこさんは役員ではないが年収が高く所属会社の良好な経営状態がうかがえる。ともこさんも今回調査対象女性のなかでは高収入グループに属する。

（5）3人の女性プロデューサーは、いずれもＮＨＫ関連の語学番組や料理番組、スポーツ番組、人物ドキュメンタリーなどの制作にかかわってきている。

（国広陽子）

〔参考文献〕
ＷｉＭＮ編著 2020『マスコミ・セクハラ白書』文藝春秋

終 章

テレビ番組制作会社と制作者たち

課題と展望

四方由美

本書では、テレビ番組制作者へのインタビューから得られた知見をもとに、テレビ番組制作の現況について述べてきた。本章では、まず、序章で示した問いに答える形でこれまでのまとめを行い、全体を通して浮き彫りになった番組制作会社の課題を整理するとともに、制作会社の今後と制作者の未来に向けた展望を述べたい。

1　テレビ制作会社のリアリティ

テレビ制作会社のリアリティとはどのようなものか。それを把握するために本研究は、三つのレベル（マクロ―メゾ―ミクロ）で行ってきた。先行研究や一次資料をもとに番組制作会社の歴史をたどりつつ制度全体を見渡す（マクロレベル）、これまでテレビ制作にかかわってきたOB、制作会社経営者、幹部などから業界団体や個別組織の編制について考察する（メゾレベル）、番組制作会社に所属しテレビ番組を制作する現場の人々の声を聞く（ミクロレベル）という三つのレイヤーでの研究を通して、限定的ではあるが、日本の制作会社や制作現場の現況に迫ることができたと考える。とりわけ、制作会社に属する方々20名のインタビュー（ミクロレベル）からは、制作現場とそこで働く人々の実態が浮き彫りになった。

放送業界の変化に伴い、制作会社とそこに所属する人々は大きな波に飲み込まれているように見える。利益追求が重視され、番組制作業務の合理化は「つくり手」として育つはずの人材を生かせていない。このままでは先人たちが築いてきたテレビ文化の断絶が危惧される。制作会社と制作者たちの現状を未来につなぐ手がかりはどこにあるのか。

以下では、序章で示した「本調査の五つの問い」に沿って本書を振り返りたい。

（1）日本の番組制作会社は現在、どのような過程を経て番組を制作しているか。その過程で局との関係はどうなっているのか。

第1章では、テレビ業界全体が再編のうねりのなかで転換期にあることを詳述した。2007年の放送法改正を受けて在京キー局の認定持株会社への組織変更がなされ、系列制作会社を統合する動きも続いている。番組制作会社はこのような業界再編の動きに翻弄され、従来の局との関係、それに基づく取引慣行の見直しを迫られるなど、厳しい変化のなかにある。

テレビ局による番組の外注化が進んで久しいが、ホールディングス化により民放各社については系列子会社との連携がいっそう強固なものになった。外注先である系列子会社は下請け、孫請けと仕事が切り分けられ、それぞれが番組の一コーナーだけを制作する「部分業務委託」が増加している。その結果、番組制作過程の分業化、細分化が進み、制作現場のスタッフが番組や制作工程の全体像を見渡せない仕事の仕方になっている。第2章ではその様態を「工場」に擬えて説明した。

番組の一コーナーを毎週つくり続ける繰り返しの日々では、制作者としての将来ビジョンをもちがたい。それはアシスタント・ディレクターなど若手になるほど顕著であり、若い世代の離職の多さの要因の一つと言える。さらに番組制作の細分化は、一つの番組をつくる際のチームワークの醸成を難しくしているだけでなく、人材育成の困難にもつながっている。他方、第4章では、地方局には時間に余裕があることや、小規模チームでの制作ゆえに番組制作の全工程が見えやすく、人を育てる余地もあることを紹介した。地方から東京を見ることにより東京―首都圏で起こっている番組制作過程の変化や問題点が明確になった。

(2) 番組制作会社にはどのような人が働いているのか。多様化する社会情勢にマッチした多様な人たちが働いているだろうか。キャリアパスはどのようなものか。

第3章で述べたように、制作会社は、門戸が広く入職のきっかけもさまざまで中途採用者も多く、エリートの集団と化しているテレビ局と比較して多様なバックグラウンドをもつ人々が働いていると言える。制作する番組への帰属意識は強い一方、会社への帰属意識は希薄という語りの例から見られるように、番組単位で派遣される専門職という色合いが濃いのが特徴である。場合によっては独立して制作会社を設立したり、フリーランスで成功する例もある。

第5章では、制作現場についてジェンダーという切り口から考察を行った。制作会社のジェンダー・バランスは数の面ではテレビ局より「まし」に見えるがよいとは言えない。一方、テレビ局では「女性活躍」という方向での取り組みが進んできているが、制作会社、特に中小規模では遅れた状況にある。育児休業やセクハラ防止などジェンダー平等に配慮した職場環境の実現は制作会社の経営状態とは切り離すことができない関係にある。厳しい環境でサバイバルしてきた女性たちの存在がある一方で、男性たちにワーク・ライフ・バランス志向の萌芽的な動きも見られたことは変化の兆しと言えるかもしれない。

（3）番組制作会社の社員たちは、どのような意識でコンテンツを制作しているのか。テレビ放送に基礎づけられている公共性規範、および倫理をどう受けとめているのか。

今回のインタビュー調査においては、公共性規範や放送の倫理について直接的な言葉では語られてはいない。ただし、視聴率至上主義がまん延し、さまざまな要求に応え、時間に追われながら多くの作業をこなさなければならない現場で、立ち止まって考える機会がもてずにいる現状が見て取れた。放送倫理に関する体系的な研修が行われている会社は多くはない。ただし、中堅からベテラン制作者で、テレビの社会的役割について理念を語る者もいた。その際、財源にゆとりのあるテレビ全盛時代に、気概あるクリエイターたちが集まって時間をかけてよい番組をつくろうとしていた時代を回想していた。

番組制作現場では、テレビ局員と複数の制作会社のスタッフやフリーランスが働いているが、社員だけでなく、契約やアルバイトといった非正規雇用の人もいて、所属も雇用形態も多様な人々の職場となっている。第3章ではこうした状況が生み出す問題として、「チームワーク」の欠如を指摘した。業務過多かつ人材不足が進むなかで、全員が協力してよりよい番組を志向するのは難しい面が見え隠れする。放送局の正社員以外を対象とした調査「番組制作の仕事に関するアンケート」（2011年）でも、労働条件や仕事の内容について不安や不満が報告されているが、今日も問題は解決していないことを確認した。放送倫理にかかわる課題は、本章の3で再度論じる。

（4）番組制作会社の労働条件や環境の実態は現在どのようなものか。

「働き方改革」は制作現場にも浸透してきており、世間でイメージされてきた「酷使されるAD」といった状況には幾分の改善が見られる。ただし、労働時間や給与など決して「よい労働条件」が確保されているとは言えない。それは、中堅、ベテラン世代でも同様だ。番組制作に「やりがい」を見出し、独立も含めてキャリアを継続できる人もいるにはいるが、番組制作会社の置かれた環境は依然として「下請け」的であり、所属するスタッフに過酷な条件を強いている。加えて、地方でも進行している「アシスタント・ディレクターの派遣」は、インタビューで「ボロ雑巾のように」と語られたような人材の使い捨てになりやすい。

番組制作過程における局との関係については第2章、第3章におけるインタビューで繰り返し語られているが、ヒエラルキー（タテ型序列構造）が強まる傾向も見て取れる。背景にあるのは、テレビ局で進んだ制作の合理化、とりわけ「番組の一元管理」であろう。番組制作に必要な情報や予算を一元的に管理する体制のもと、視聴率等のデータをもとに放送のタイムテーブルをつくる「編成局」が力をもつ「編成主導体制」の本格化（1990年代）により、制作会社には「視聴率」や「コストカット」といったプレッシャーがより強くかかることになった。民放の情報ワイド番組の制作においては、制作会社はテレビ局の意向を最大限に汲まざるをえず、番組の部分委託も常態化している。テレビ業界全体の広告費の減少が制作費削減へとつながり、しわ寄せが制作会社にいく構図においてテレビ局による制作会社の「植民地」化がいっそう顕在化している。他方、受信料で成り立っており景気の変動を受けにくいＮＨＫから受注する番組については、制作費や制作時間など労働環境に満足しているというディレクターの証言も複数あった。制作会社で働く人にとって民放―NHKの放送二元体制はあまり大きな意味をもたなくなったと言える。

（5）ネットの普及やデジタル化は、番組制作現場にどのような影響をもたらしているか。アウトプット公開の場の多様化は、番組制作会社の自由度を広げているか。

この問いについては、ここで改めて議論をしておきたい。というのも、本書では、ここまで、ネットの普及やデジタル化について正面から取り上げてこなかった。番組制作会社で働く者たちの口からは、この点についてあまり語られなかったからである。もっとも、2022年4月から在京民放キー局は、テレビ番組を放送と同時にインターネットでも見られるようにする「リアルタイム同時配信」をスタートさせた。また、NHKはすでにその1年前の4月に「リアルタイム同時配信『NHK＋』」をスタートさせていた。こうした同時配信の本格化は本調査以降に始まったため、当時は十分に現場からの声が集まらなかったと言える。

とはいえ、インタビューを実施した2019年10月から2021年1月までですでにネット放送は人気を博しており、まったく射程外にあったわけではない。デジタル化は、当時からテレビ番組の制作現場にも変化をもたらしていた。その証拠に、インタビューからは、「制作業務のデジタル化」が進み、制作コストの削減が可能になった反面、画面作成の作業量が大幅に増加し、個々人がパソコンで作業を進める業務形態が増えている様子が見て取れた。こうした個人の作業が増えたことは、旧来のチームワークによる働き方で培った徒弟制度的要素を消滅させ、人材育成の困難にもつながっているという声が聞かれた。たとえば、第3章で紹介したひでおあきさん（60代　経営者）は、「今は、もうみんなノートパソコンでやりますから。ＡＤが勉強する場がないんですよね」と言う。

また、若い制作者のなかには、自分がつくっている番組に自信がもてず、人にも薦めないという声があった。

あれはないなあと思うんですよ。そんな、見てとも思わないし。（中略）面白いから見てよって。声かけには行かないなと思って、自分が。（あやかさん　20代　アシスタント・ディレクター）

彼女はまた、「ネットのほうが自由度は高い」と感じており「ほかのテレビ番組は、あんまり見ないです」とも告白している。制作者自身、テレビ番組をあまり見ない、友人にも薦めない時代となり、無意識であるにせよ、ネットを模範にコンテンツをつくる時代がやってきたことになる。

一方、アウトプットの公開の多様化は、制作者個人の仕事の自由度を広げ、制作者をＹｏｕＴｕｂｅなどの動画配信サービスへと流動させる可能性をもつ。インタビューにおいても制作スキルがあればさまざまなチャレンジができるという積極的な発言が見られた。たとえば、「局依存から脱したい」というプロデューサーのともこさん（50代）は、自分たちで著作権をもち作品を発信するためのチャンネルをもちたいと考えているが、「インターネットのおかげでそれが難しくなってきている」と言う。

他方で、インタビュー時点では、デジタル技術を習得し、動画配信サービスに参入することを前提とした番組づくりをしなければ生き残っていけないという漠然とした意見もあった。

映像にかかわるコンテンツっていうものを、どう生み出していけるか、ＹｏｕＴｕｂｅとか新しいそういうものとどうやっていくかを考えていかないと、たぶん生き残っていけないいんだろうなっていう。

（あつしさん　40代　プロデューサー）

それでもなお、予算や影響力といった点からはまだまだテレビ制作が主軸であるという意見が目立った。

〈われわれ制作者、つくり手としては〉発表できる場があれば、何でもいいんです。ただ全体的な予算の部分だったりもするから、難しいとこではあるんですけど。テレビの影響力は全然まだ落ちてないとは思ってますから。（ともこさん）

他方、ネットフリックスなどビデオ・オン・ディマンド（ＶＯＤ）サービス用の番組制作の過程は、旧来のテレビ番組制作とは異なり、徹底的な合理化をしている。ある番組プロデューサーは「大量生産」で「流れ作業」、「われわれのもの物づくりと、ちょっと違う」と説明していた。そしてまだまだ採算は合わないもののＶＯＤの会社は「これからどんどん伸びる可能性もありますし、やっぱり、そういうときに、経営側ですから、最初からかかわってないと、いろんなところが参入したときには、お付き合いできませんので、やっぱり、そういった、不遇の時代を一緒に過ごすという。そういう感じで、ビジネスチャンス狙ってるのは、正直あります」（けんいちさん［50代　ディレクター］の上司）と、いわば準備段階とも言えるような話を聞いた。

総個人視聴率が過去最低を記録し続けている現在（2022年6月）、アウトプットの多様化は避けては通れないところまで来ており、これからどのように進んでいくのか、本研究の今後の課題でもある。

2　疲弊するテレビ制作現場

ここで、テレビ制作現場について再度振り返っておきたい。テレビの制作現場は従来、さまざまな雇用形態や所属の人々が混在し、それぞれが切磋琢磨しながら発展してきたが、今、番組は毎分視聴率という制度によって常時監視下に置かれ、制作過程も徹底した合理化と平準化が進むことになった。

特に情報ワイド番組では、秒単位、分単位の視聴率を他局と競い、スピーディな意思決定によって放送内容を決めていく。そこでは、商品生産の〝工場〟さながらの流れ作業で番組制作が進行し、制作スタッフ、とりわけアシスタント・ディレクターやコーナー・ディレクターは取り換えのきく〝労働者〟であることが要請される。こうした制作スタイルでは、末端の若手制作者たちは全体像が見渡せないままに歯車となって働かされ、入職して数年で辞めていく者が後を絶たない。

本書で紹介したアシスタント・ディレクターをはじめとする若手制作者たちは、現状に不満はあっても仕事にやりがいを見出し、おおむね満足していた。裏返すと、そうした人しか残らないのであろう。業界全体では若手から中堅へと継続してキャリアを構築する人材の確保が難しく、また、キャリアが継続できても制作技術やノウハウが引き継がれる体制は乏しい。つまり、若手が育つ環境がなく、力ある人材が活躍する場が少ないのが現状である。

第2章のかずひこさん（50代　ディレクター）の語りに見られるように、情報ワイド番組の制作は、実力あるディレクターにとっても魅力的な仕事ではなくなってきている。日々のニュースや生活情報を伝える情報ワイド番組では、局によるクオリティ・コントロールが常態化しており、かずひこさんのような長年の現場経験があるディレクターの意見が生かされない。局員が自分の意志ではなく上司からの命令を聞く形で内容に関する判断を下す場面が多いことについて、彼は、制作者がクリエイターとしての矜持をなくしていると嘆く。

昔は、上司がどう言ってようが、下に見える世界では、僕はこっちが好きなんで絶対こっちにしてくださいって言ってたのが、今は、僕は（このやり方で）いいと思うんですけど、上司が言うんで、すいません、直してくださいって恥ずかしげもないことを。

テレビ局と番組制作会社との関係は、テレビ局員が上、制作会社社員は下というヒエラルキー（タテ型序列構造）をもつ。テレビ局のプロデューサーはほぼ全員がかずひこさんより年下で、かずひこさんに的確なアドバイスや指示ができるような知識と経験を持ち合わせていないにもかかわらず、予算をはじめ番組に関する決定権はテレビ局員が握っている。

テレビ局では、50代になると管理職的なポジションに異動することが通例となっており、現場に残るのは自分より年下で現場経験の浅い局員たちだ。ベテランたちは、この矛盾を呑み込んで働く。同じ制作会社に所属していても雇用形態による待遇の違いもある。

リーマンショック以降、番組制作費はさらに切り詰められ、スタッフの人数削減と省力化、合理化がさらに進んだ。「クリエイター」の矜持をもち、自ら選んでフリーとなったベテラン世代とは違い、30代後半から40代前半の非正規の契約スタッフには、会社がディレクターとして責任をもって育てる対象から外されたケースも多い。

テレビの〝黄金時代〟に、テレビ局所属や番組制作会社所属といった雇用形態の垣根を越えて現場で徹底的に教育され、やがてフリーランスとして独立、成功したベテラン世代と比較すると、それに続く中堅世代の置かれてきた状況は厳しい。そして今、経営合理化を背景としたさらに深刻な現象として、若手スタッフに関して「派遣アシスタント・ディレクター」という、職場の労働力の補充要員としてのみ扱われる立場の者たちが増え続けている。

たとえば、話題になったテレビドキュメンタリー『さよならテレビ』（東海テレビ、2018年）の主要登場人物のAさんは、まさに若手スタッフの〝使い捨て〟の例だった。制作会社から東海テレビに派遣された

「派遣アシスタント・ディレクター」のAさんは、研修なしでいきなり現場に立たされ、現場での振舞いも学べないままミスを重ね、「成果」を出せず1年で契約を切られてしまう。

他方、柏井信二（2010）は、制作現場の「困難」の一つに「デジタル化の問題」をあげている。業務のデジタル化によって、「ディレクターが行うオフライン編集もほとんどがパソコンで行うノンリニア編集」（柏井 2010：24）になり、取材、撮影、編集、仕上げの方法が大きく変わった。「かつてのようにディレクターがつなぎたい二つの映像を二つのモニター上に出し、編集点を決めるのに悩む姿を、今のADはほとんど見る機会がない」という。

1990年代から進行してきた制作業務の手数の劇的な増加は、アシスタント・ディレクター業務の細分化、分業化を推し進めてきた。さらに「制作業務のデジタル化」は作業の増加と分業化に拍車をかけた。制作の作業とは、個人が考え、悩み、判断するアナログな行為を伴うものだが、最近のアシスタント・ディレクターには、現場でそれを学ぶ機会が減っているのだ。第2章で言及したひであきさんに加えて、プロデューサーのくみこさん（40代）は、かつての経験と比較して次のように語る。

久しぶりに生放送の番組にサブに行ったんですけど、私がADのときは、スイッチャー、担当ディレクター、プロデューサー、3人しか卓に座っていなかったんですけど、今は分業制でいろんな人がいい過ぎている。誰この人？という人がいっぱいいる分、責任転嫁が多過ぎて、みんなそれにピリピリして、要らなくない？って。3人でよくない？という。なんで分業にしちゃったの？という。機材が

――いい分、動かす人が必要になって、能力が低下していると思うんです、私も含めて。

「制作業務のデジタル化」が進み、ＯＪＴ（オン・ザ・ジョブ・トレーニング）による「学びの機会」が減少していることは、現場での人材育成を困難にしている。

テレビの制作現場は、合理化を進めるなか若手を育てる余裕を失い、それにデジタル化が拍車をかける。多くの若者が離職し、中堅層が空洞化している。これを、若者の意欲の欠如や我慢のなさに帰属させては問題の解決にはならないだろう。構造的な問題として打開を図る必要がある。

はたして今後の日本のテレビ番組制作の現場は、誰が担っていくだろうか。担い手が育たない、疲弊する制作現場のツケはいったいどこに回るだろうか。

3　番組制作会社と放送倫理

制作会社が放送番組の制作を担うことにはどのような問題があるだろうか。また問題解決には何が必要だろうか。制作会社による番組制作が社会的に問題として取り上げられ、よく知られるのが、第1章で触れた『発掘！あるある大事典Ⅱ』データ捏造事件に見られるような放送倫理に関する問題である。

周知のように、テレビ番組における倫理問題解決のためには、ＮＨＫおよび民放連・民放連会員社205社が加盟し、放送倫理に照らして番組を審議する第三者機関であるＢＰＯ（放送倫理・番組向上機構）が設置されている。本書のインタビューの実施時期にも「帯のナマ放送　報道・情報番組」のいくつかがBPOの「放送倫理検証委員会」の通知事例において重大事項として取り上げられ、審理後「倫理違反」とされた。ただし、今回のインタビュー調査では、関与する番組でこうした問題を起こした例は語られてはいない。

そこで、以下では、審議された事案の1例に基づいて、放送倫理問題を生じさせやすく、問題発生の解消を困難にしている制作過程の構造的問題について考察したい。なぜなら、BPOで審議され倫理違反とされる事案は決して特殊な事例ではなく、そこで問題とされる制作過程の課題は制作現場に通底する課題であるからだ。

BPOの審議結果の概要

当該時期にBPO放送倫理検証委員会が検証を行った事案の一つは、夕方の帯の報道番組『スーパーJチャンネル』（テレビ朝日、放送日：2019年3月15日）の一コーナーで、取材対象が「仕込み」だった問題である。このコーナーに登場した人物はいずれも外注制作会社ディレクターの知人であった。そのうちの多くは、ディレクターが塾長を務める演技塾の生徒であり、「確信犯」的な仕込みとされ、委員会から改善点が指摘された。(1)

この番組には、プロデューサー、チーフディレクターが統括する4班が設置され、各班にディレクター、アシスタント・ディレクター、ベテラン構成作家なども加わる制作体制をとるが、実際の取材はディレクターがひとりで行いカメラを回す。放送までに、放送2日前、放送当日の午前、オンエア2時間前と、3回のプレビューが設定され、最終プレビューには、テレビ局の番組担当部長、当日の放送にかかわるスタッフ、MC（メインキャスター）らも加わる。

放送された四つのエピソードの登場人物4人が全員仕込みであったことに他のスタッフが疑念をもたなかったわけではない。アシスタント・ディレクターが「撮れ高（撮影した映像や写真のなかで、実際に放送で使用できる部分の割合）」がよすぎると感じ、ディレクターに伝えたが言い逃れられ、編集の時点では、編集マンも過去の編集経験から「撮れ高」がよすぎるとディレクターに伝えたが、かわされる。問題があればチーフディレクターや構成作家などが指摘するだろうと考え、深入りしなかったという。

プレビューで構成作家は「強烈な違和感」を感じ、ディレクターに尋ねたが、否定される。3回目のプレビューには局の担当部長も同席したが、この点を追及しなかった。ディレクターは「過剰演出・やらせ・仕込み・おとり取材をしていないか」などのチェックシートに問題なしと確認チェックをして局に提出していた（BPO放送倫理検証委員会による意見より、2020年9月2日）。

こうした経緯の検証から「テレビ朝日『スーパーJチャンネル』『業務用スーパー』企画に関する意見」は、「撮れ高至上主義」(2)「仕込みへの誘惑」(3)「引き返すチャンス」(4)「チームワーク」(5)「必要な予算と人員の確保」「持続的に人を育てる取り組み」の6項目を改善点と指摘した。

審議事例と本インタビュー調査から得た知見

前項で見た『スーパーJチャンネル』の事例は特殊な例だろうか。本インタビュー調査で得た語りや証言から読み取れる制作現場の現状を考察すると、これは現在のテレビ制作現場に通底する問題が表出したものであり、むしろ典型的な例であろう。その背後に制作現場の個々人の努力では補うことができない構造的な課題があることを示唆している。そこで以下で、BPOが指摘した改善項目を援用し、本インタビュー調査から見えた制作会社と番組制作の問題についての知見として整理する。

①視聴率至上主義とコストカットが招く弊害

ねつ造や「やらせ」といった諸問題の発生原因の一つには、制作費をカットされても番組の質を担保し、なおかつ視聴率を落としてはならないという制作会社の置かれた状況があるという指摘がある（奥村・藤本 2010：44-45）。

第3章で述べたように、ディレクターの仕事は視聴率の良し悪しで評価される。一方で、毎日帯で生放送されている情報ワイド番組は、時間に追われており、日々「ネタ」を効率よく面白く仕上げることが必須である。短時間で効率よく「撮れ高」を得られる「仕込み」への誘惑を避けられなかったディレクター個人に責を負わせても問題の根本的な解決にはならない。視聴率競争や「撮れ高」至上主義の弊害は大きいと言える。

近年は制作費削減の方向にあり、厳しい予算のなかで番組制作が行われている。制作会社は、いわゆる「完パケ」ではなく、コーナーごとの受注では与えられた予算で制作せざるをえない。インタビューでは、現場のディレクターから、出張の回数を減らさなくてはならない、といった予算削減による苦労話があった。人員が多ければ手分けして行えるところ一人で数カ所ロケに行かざるをえないという事情を指摘したディレクターもいた。

「仕込み」や「やらせ」をすることなく、十分に検討され検証された内容を放送するためには、十分な予算と人員が必要であることは言うまでもないが、業界全体の収入が減少するなか、番組予算の確保は制作会社にとってきわめて困難な課題だ。

②チェック体制整備の必要

番組は複数の組織に所属する多くの人がかかわり、短時間で制作される。所属が異なる多数の人間が分業して作業するため、責任の所在があいまいになりやすい。制作過程において、原稿を担当のデスクがチェックする仕組みはあるが、実際には、番組開始時にはまだＶＴＲを編集中の場合もあり、チェックの時間がないこともある。

番組チェック専門の担当者のいる局や番組もあるが、その場合のチェックとは系列局の映像を使うときのクレジット挿入など、業界内での決まり事の遵守についてだと語ったディレクターもいた。番組制作の責任は放送局にあるが、制作会社のスタッフが現場で行い、放送局によるチェックは形式的なものに限定されやすいという現状が透けて見えた。

また、所属の異なる人々が分業しながら行う番組制作現場では、チームワークを成立させる困難さがある。テレビ局と制作会社の間にはヒエラルキーがあり、人々の間にも見えない壁があるというさまざまな証言があった。制作過程で「おかしい」と思っても言えない権力関係の存在や、それぞれが分業化された自分の作業のみを行うことで責任の所在が不明確になり、「おかしい」ことに気づけない場合もある。

インタビューで、放送内容が視聴者や取材対象者に与える影響や放送倫理について言及が少なかった背景に、放送に対する責任や影響について立ち止まって考える余裕のない状況がある。加えて、大規模制作会社を除くとディレクターやプロデューサーには放送倫理に限らず研修・教育の機会がほとんど提供されていない現状がある。

③持続的に人材を育成する仕組みの構築

制作現場の研修・教育は、ＯＪＴに委ねられている。しかし、現場は日々の業務に忙しく、教育に時間と労力を費やすことができない。一部の大手制作会社では入社前、入社直後に研修が実施されるが、中小の制作会社では研修・教育を行っていない。また、制度上は、テレビ局が制作会社の人間を教育する仕組みはない。

インタビューでも、局員は局員を育てるが、制作会社の人間を本気で育てはしない、という証言があった。将来を不安視する中堅世代の制作者もいる。現場で働く人々のためにも、放送倫理に適う番組づくりのためにも、持続的に人材を育成する仕組みの構築が必要である。

以上のように、この事案についてＢＰＯが指摘した6項目（本項では3項目にまとめた）の課題と、今回のインタビューで語られた現在の番組制作のありようの問題点は、重なるところが多く、またすべての課題が互いに関連する。言い換えれば、番組制作の現場は構造的課題を内包しており、いつ「問題」が起きても不思議はない。「疲弊する制作現場」は、放送倫理に抵触するコンテンツと隣り合わせなのである。

では、これら指摘事項の改善に誰がどのように責任をもって実施するのか。本気で取り組む主体は見えにくい。ＢＰＯは、「視聴者と放送局」を結ぶことを謳う組織で、[6] 一部制作会社は加盟しているものの、その役割は限定的であり、「制作会社」は言わば外側に置かれている。ＢＰＯから問題点の指摘を受けて、解決を図る主体はテレビ局である。取り組みが局のなかでとどまり全体に機能しない、あるいは現場で制作に携わる制作会社に責任を転嫁しがちなあり方のままでは今後の問題発生を防げない。放送倫理を考える際にも、制作会社が蚊帳の外であることこそが、現行の放送制度の限界だと言えよう。放送倫理に基づく番組制作を考えるためには、制作会社も包摂し、かつテレビ局と制作会社の関係性を視野に入れた組織こそが求められる。

4　制作会社と制作者の今後

デジタル技術革新のなかで――コンテンツビジネスの変容

本書では、番組制作現場ではテレビ局と番組制作会社のヒエラルキーが存在することを問題として繰り返し述べてきた。序章でも述べたように、1998年に公正取引委員会が「役務の委託取引における優越的地位の濫用に関する独占禁止法上の指針」（公正取引委員会、1998年）を公表し、2003年には「下請法」が改正され、下請けの中小事業者（制作会社）に経済的不利益を与えることを防ぐため、放送番組などが「情報成果物作成委託」として規制対象に追加されている。

こうした法整備にもかかわらず、下請け構造自体は揺らいではいない。持株会社化によって自身の所属していた制作会社が完全子会社化されたことについて、経営にも携わっていたひろゆきさん（60代　ディレクター）は次のように所感を述べてくれた。

結局、100％出資会社になっちゃったわけ。（株主は）4社だったものがどんどん減って、最終的に100％（在京キー局）の出資会社。完全に子会社化したんだよね。従属じゃなくてテレビ局と対等になるどころか、完全に子会社になって、人事も完璧にただの植民地状態だし、社長も常務もその他もっと来るようになるだろうなと思うし、もう独立系プロダクションなんて夢の夢になったなと。要するになんのために親会社に貢献できるかっていうことを考える。もともとなんのためにそこにいるのっていうときに、ホールディングスを支えるためにいるグループ会社の1社で、その方針は上が決めるというところに、文字通り、自分も従属化し、物の考え方も従属化し、という関係になってしまったので、自分の40年は何だったのかなと思うんだよ。

独立系プロダクションを目指していたが、テレビ局と対等どころか完全子会社となり、下請けとして固定化されたと受けとめているのである。テレビ局の持株会社化の流れにより構造は強固なものになっていると言えよう。

現在、民放各局は自社のプラットフォームで番組の配信を行っている。配信番組には、ドラマやアニメ、収録されたバラエティ番組だけでなく生放送の情報ワイド番組も加わった。NHKについても番組の同時配信が始まっている。

このように、番組が「コンテンツ」として配信され、タイムシフトしながら繰り返し視聴される状況では、制作現場にはより高度な制作技術や高い倫理観が求められるようになるはずであるが、本書で得られた知見からは、制作現場がその期待に応えうるとは言いがたい。一方で、インターネットの普及とスマートフォン保有率の上昇は広告付き無料動画配信サービスを激増させている。技術をもつ人材がテレビからYouTubeやNetflixなどの制作者へと移動する流れも加速するだろう。

他方、プラットフォームは、ローカル局の番組を国内・海外にフラットに配信することを可能にした。すでにFacebookを皮切りにプラットフォーマーによる地域情報発信の支援の動きが見られる。欧州や米国の事例(7)を見ると、プラットフォーマーと地域メディアの協調関係は日本の放送事業の構造を変える契機となると予測できる（神野 2019：64-88）。また、幅広いコンテンツを揃え視聴者に満足感と選択肢を提供するいわゆる「ロングテール」（大場 2021：193）と呼ばれる戦略において、ローカル番組の需要が高まることとなった。本書の第4章では、地方の現場からの声を紹介しているが、地方で納得のいく働き方、番組づくりをして配信する方法を積極的に選択する者も出現するかもしれない。
技術革新のなかで放送事業の構造が変容しつつある現在、「テレビがなくなっても制作の仕事はなくならない」という若手アシスタント・ディレクターの発言は確信に満ちていた。番組制作がテレビを離れたコンテンツ制作として展開していく可能性は大いに考えられる。

ジェンダーの壁を越えて――女性たちが制作会社で活躍する明日へ

番組制作現場のジェンダー感覚は鋭敏であるとは言えない。制作過程の構造的問題と、制作者個々人の人権意識の両方の要因が考えられるが、社会全体がジェンダー平等やセクシュアリティの多様化に向かって進もうとする時代に、メディアの現場も変わることが要請されており、テレビ制作現場の遅れは深刻だ。2022年春に映画監督による性加害が報道されたことに端を発し、#MeToo運動はメディア業界全体に波及している。これまで明らかに男性中心でジェンダーに鈍感だった番組制作の現場も例外ではいられない。

第5章で紹介したように、これまで現場で積み上げてきた女性たちの働きの成果が、若い世代の女性たちに道を拓いている。まだ数は少ないが、女性が制作現場に存在することで、視点の広がりをもたらし、後進たちの活躍の可能性を高めている。ここで、キャリアの未来が不透明だと悩む女性アシスタント・ディレクターたちを励ます言葉を紹介したい。クリエイティブな仕事の将来についてのベテランのディレクター、プロデューサーである長嶋甲兵氏と、テレビマンユニオンの創設時からのメンバーである重延浩氏の発言である。

長嶋氏は、直接にはジェンダーを語っていないが、性別にかかわりなく、クリエイターが幅広い経験をもつことを重視している。よい番組をつくるには多様なバックグラウンドをもつ人がかかわることが必要なのであり、出産や育児経験も含め、制作者には「番組づくり一筋」だけではない生き方の人が求められるということであろう。


僕は、新卒からずっとこういうことばっかりやってて、何だなと思うんですけど、新卒で、一時期、うちの会社なんかも、早慶、上智、東大、京大とかっていう人間しか、100倍ぐらいの倍率があって入れなかったので、それはちょっとおかしいと思うんですよね。多様な、何年かサービス業やってるとか、銀座のホステスをやってたとか、医療従事者をやってたとか、どっかで店長やってましたとか、いろんな社会経験のある人が本来は入っていって、それで、ああでもこうでもないっていうか、もっと現実の社会とか世界を反映する場じゃないと、いい番組つくれないっていう感じはどっかでしていて。(長嶋氏)

だから名前変えてテレビウーマンっていうのにしようって、つくろうって。もう一会社つくって、それで僕、そっちに行きますって言ってるんです。

女性はとても意味があって、まず繊細な感覚っていうのが、男性にないところがはっきりあって。

それは、なるほどと思われるアイデアから、展開からあるっていう気ははっきりしてますね。それから、ある意味でこういう言い方、正しいかわかんないけど、とても男性に比べて正直だっていう感じですね。だから、お金の管理に関しても非常に正直な対応でやっていく人たちが多いっていうことですね。そういう感じがします。（重延氏）

重延氏はインタビューで、テレビマンユニオンでは女性社員はすでに半数近くいて活躍しているが、さらに次は女性ばかりの会社をつくりたいと明言した。女性による制作会社は現在もあるが規模の小さい会社が大半だ。またテレビマンユニオンも女性役員はひとりだけという現状がある。「テレビウーマンユニオン」はどんな規模で構想され、いつ実現されるのだろう、そして経営トップのジェンダーはどうなるのかなど興味は尽きない。ともあれ、インタビューで得られた二人の発言を女性制作者たちへのエールと前向きに受けとめたい。

テレビ番組制作会社、制作者たちは、これからどうなっていくのだろうか。

東海テレビのゼネラル・プロデューサーである阿武野勝彦氏は、情報ワイド番組『ぴーかんテレビ』のプレゼントコーナーでダミーテロップが放送されてしまった「セシウムさん事件」（2011年）について、次のように語る。

「うち」と「そと」。「セシウムさん事件」は、「うち」の苛烈な仕事を強いながら、意識のうえでは外部スタッフ〔制作会社〕を「そと」に押し出し続けた組織に鬼が現れた、私はそう思った〔阿武野 2021：26〕。

阿武野氏は「事件は偶然ではなく必然」だという。「うち〔テレビ局〕」の事情で、「そと〔制作会社〕」に視聴率至上主義のもとコストカットを強いておきながら、見えないふりをした。経営側の意向である経費削減を反映しようした結果、「下請けの締め上げとしわ寄せへと短絡して、職場環境の悪化を招」いたとする。

本書がインタビュー調査から導出した課題、テレビ局と制作会社のヒエラルキーはとりわけ根が深く深刻である。ほかにも、人材の「使い捨て」、人材育成の困難、やりがいの「搾取」、ジェンダー・アンバランスなど、制作者たちが直面している課題は、いずれも個人の努力では何ともしがたい構造的問題を背景としている。放送をとりまくさまざまな制度に本気でメスを入れなければ、再び鬼が出てくるだろう。

ベテラン制作者たちのなかには、これらの問題に向き合い、危機感をもって語ってくれた人もいたが、まだまた言語化されないことも多くあると推察している。課題の解決は容易ではないかもしれないが、「よい番組をつくり視聴者に届けたい」という制作者の思いがこれからもつながっていくことを願う。他方で、否が応でもデジタル化の波は到来している。テレビ業界がどのように変容し、テレビ番組制作がどのように変わっていくのか、今後もテレビ番組の「つくり手」と並走しながら研究していきたい。

〔注〕

（1）制作した制作会社は、放送局の子会社でグループの主軸として同局の報道・情報の制作に密接にかかわってきた。1週間あたり10枠のうち、局直接の制作が1枠。4枠が当該制作会社、その他2社が5枠を制作していた。

（2）限られた人と時間のなか、制作現場において過度に「撮れ高」が追求される傾向。

（3）明示する依頼、ほのめかしにより相手が自発的に応じる仕込みへの誘惑。自分が考案した企画ではなく他人の企画について指示されたとおりの映像を効率的に撮る「機械」だとの割り切り。

（4）違和感や疑問を一つの場で示され、議論されることによる抑止。他の制作会社の場合、オンエア予定日の1週間前にプレビューを終えてテレビ局に提出するが、当該社の場合、放送2時間前が最終プレビューであったという。

（5）当該事案では、派遣スタッフを含めて担当者の入れ替わり頻度が高く、制作の遅れなどが生じたときに全体でカバーするチームワークの弱さが背景にあったとの指摘がされた。

（6）BPOのホームページには「BPOは視聴者と放送局をつなぎます」と書かれており、放送倫理検証委員会、放送人権委員会、青少年委員会の三つの委員会で構成されている。そのうち「放送倫理と放送番組の質向上をめざす」のが「放送倫理検証委員会」の役割で、視聴者や放送局等から寄せられた番組に対する「放送倫理」に関する問題や苦情に対して、まず審議に入るかを検討し、審議入りを決定した案件については委員会が検証、考察を経て、放送倫理違反の有無について判断し、結果を通知、公表する。それに対して当該放送局は改善策を提示するなどして自浄作用が図られることが期待されている。

（7）神野（2019）は、FacebookやGoogleのメディア支援における地域情報発信の事例から、デジタル・コンテンツのオンライン配信が不可避であるメディア側と、フェイクではない価値の高いコンテンツを求めるプラットフォーマーが競争しながら強調する関係を指摘している。

〔参考文献〕

阿武野勝彦　2021『さよならテレビ――ドキュメンタリーを撮るということ』平凡社新書

大場吾郎　2021「動画配信時代の放送コンテンツ海外展開～課題と今後の方向性～」（大場吾郎編『放送コンテンツの海外展開　デジタル変革期におけるパラダイム』中央経済社）

柏井信二　2010「製作会社が抱える人材育成の悩み」『GALAC』11月号：22－25

神野新　2019「グローバル・プラットフォーマーとメディア・ローカリズム」脇浜紀子・菅谷実編『メディア・ローカリズム――地域ニュース・地域情報をどう支えるのか』中央経済社

島崎哲彦・米倉律編　2018『新放送論』学文社
BPO放送倫理・番組向上機構ホームページ https://www.bpo.gr.jp/（2022年1月10日閲覧）
メディア総合研究所　2011「番組を作る人たちの意識――中間報告・番組制作の仕事に関するアンケートより／メディア総合研究所『メディア産業構造』プロジェクト」『放送レポート』229号：20－28
藤原道夫監修／奥村健太・藤本貴之　2010『映像メディアのプロになる！――テレビ業界の実像から映画制作・技法まで』河出書房新社

（四方由美）

あとがき

本書は、ＧＣＮ（Gender and Communication Network ジェンダーとコミュニケーションネットワーク：共同代表　林香里・四方由美）が取り組んだ共同研究の成果である。ＧＣＮは女性とメディアをめぐる現状と問題点を調査・分析し、問題解決のために情報発信するネットワークであり、１９９０年代半ばから活動を担ってきた村松泰子・小玉美意子に導かれて参加した者たちで構成されている。ＧＣＮメンバーはマスメディアでの現場経験をもつものが半数を占め、現場での問題意識を共有している。

本書執筆者の共同研究としては『テレビ報道職のワーク・ライフ・アンバランス——13局男女30人の聞き取り調査から』（大月書店、２０１３）をすでに刊行している。その後、プロジェクトメンバーによって「放送で働く男女に関する実態調査」（２０１４）を実施し、「放送で働く男女に関する実態調査——女性たちは〝活躍〟できているか」（２０１６）を公表した。ＧＣＮが90年代から担ってきた「メディアで働く男女に関する実態調査」（１９９４）、「放送ウーマン調査」（１９９９、２００４）を継承し、本書の「テレビ制作会社」の実態調査研究へとバトンをつないできた。

この30年間の放送現場の変化は目まぐるしいものがあり、90年代は少数派であった放送ウーマンたちも、今は活躍しているように見える。放送局における女性比率は上昇し、管理職比率も微増している。しかし、『テレビ報道職のワーク・ライフ・アンバランス』でも「放送で働く男女に関する実態調査」においても、私たちは、放送業界で女性たちは本当に活躍できているのだろうかという問いを投げかけてきた。「放送で働く男女に関する実態調査」では、テレビ局の人事担当者に労働実態や管理に関して回答をお願いしたが、「協力したいけれど、ホールディングス化してからテレビ局員の私たちにもわからない」「正社員は把握しているが、非正規社員・スタッフはわからない」という回答が続出し、放送現場の実態を知るにはテレビ局にアプローチすれば事足りるわけではないことを痛感させられた。気がつけば、テレビ制作の現場では外部発注や派遣が著しく増加しており、放送の現場は、その内部に幾重もの階層を作り上げていた。

テレビをめぐる産業構造の変化に伴い、現場の権力構造はより複雑化し、下位に置かれるのはジェンダーだけではなく、テレビ局内の所属部署、委託契約における受発注の関係性やそれぞれの職位などが絡み合うなかで形作られている。このようなテレビ制作の現場では、いったい何が起こっているのだろうか。現在の制作現場で、使い捨て労働者になっているのは誰なのか。そのポジションには、やはり女性が多く配置されているのではないか。本書は、そうした問題意識から誕生した「制作会社」の調査研究の成果である。

「制作会社」への調査研究は、思っていた以上に険しい道のりだった。先行研究も手薄で、業界団体もその全体像を把握できておらず、どこから手を付けていいのかわからない。とはいえ「制作会社」というアクターを理解することなく、現在のテレビ制作の実態に迫ることはありえない。

荒野にたたずむ思いで私たちがその一歩を踏み出したのが2018年である。勉強会を何度も重ね、制作者たちへのインタビュー調査を設計し、調査を開始したのが2019年。そして、新型コロナウイルスが中国・武漢で発見されたのが同年の末であった。新型コロナは瞬く間に世界の日常を変えてしまった。2020年、2021年と思うようにインタビュー調査を進めることができず、私たちの調査研究はずいぶんと時間がかかってしまった。

調査には、20人のテレビ制作者にご協力をいただいた。オンラインインタビューはもちろんのこと新型コロナウイルス感染防止対策を徹底したうえでだが、快く対面調査に応じてくださり、テレビ制作への思いを語ってくださった制作者のみなさまにはお礼を申し上げ、心から活躍をお祈りしたい。

本書の調査研究・および出版に際しては、2019年度の放送文化基金の助成を受けている。

そして、調査・研究の実施には多くの方からお力をいただいた。メディア総合研究所の岩崎貞明氏、脇山恵氏には調査の立案・実施ならびに対象者の紹介のみならず本書の執筆にもご協力いただいた。残念ながら執筆には参加できなかったが、松浦さと子（GCN）も調査メンバーのひとりである。

テレビ草創期からのテレビマンである重延浩氏（テレビマンユニオン会長）と澤田隆治氏（J－VIG名誉会長）は、制作会社誕生期の「テレビの時代」を熱く語ってくださった。

放送メディア研究者の音好宏氏、丹羽美之氏は、私たちの研究に有益なアドバイスをくださり、長嶋甲兵氏（テレコムスタッフ、BPO放送倫理検証委員会委員）、三門健一郎氏（ATP専務理事：調査時）、鎮目博道氏（元テレビ朝日、シーズメディア代表）は、現場の基本的な知識を提供してくださった。記して感謝申し上げたい。

また、本書の刊行を引き受け、遅々として進まない私たちの研究に辛抱強く伴走してくれた大月書店編集部の角田三佳さんにも感謝申し上げる。

本書の研究成果が、テレビ制作の現場が抱える課題の解決に少しでも生かされ、テレビ文化の担い手たちへのエールになれば幸いである。

最後に、私たちがようやくインタビュー調査結果の取りまとめ作業に入ったとき、悲しい知らせが届いたことに触れておきたい。澤田隆治氏の訃報（2021年5月16日逝去）である。

澤田氏へのインタビュー調査は2020年12月26日、対面で実施した。調査は花野泰子（元テレビマンユニオン）と私（元フリーアナウンサー）の現場出身の2人が担当した。テレビ制作会社の話のはずが、なぜだか『てなもんや三度笠』の話や業界の噂話など、話はあっちへ行ったりこっちへ行ったりしたが、彼の話は一貫してテレビへの愛情に満ち、若い制作者たちとテレビ文化の未来を憂慮するものであった。

この場をお借りして、テレビ制作会社のために尽力された澤田氏に敬意を表し、心からご冥福をお祈り申し上げます。

2022年6月

北出真紀恵

編者
林　香里（はやし　かおり）
四方由美（しかた　ゆみ）
北出真紀恵（きたで　まきえ）

DTP　岡田グラフ
装幀　鈴木　衛（東京図鑑）

テレビ番組制作会社のリアリティ
――つくり手たちの声と放送の現在

2022年8月22日　第1刷発行

定価はカバーに
表示してあります

編　者　林　香里
四方由美
北出真紀恵

発行者　中川　進

〒113-0033　東京都文京区本郷2-27-16

発行所　株式会社　大月書店

印刷　太平印刷社
製本　中永製本

電話（代表）03-3813-4651　FAX 03-3813-4656　振替00130-7-16387
http://www.otsukishoten.co.jp/

ISBN978-4-272-33107-9　C0036　Printed in Japan

執筆者（＊は編者）

石山玲子（いしやま　れいこ）
武蔵大学非常勤講師
主著：*The Palgrave International Handbook of Women and journalism*（共著，Palgrave Macmillan UK, 2013），『ユーザーからのテレビ通信簿――テレビ採点サイトQuaeの挑戦』（共著，学文社，2013年）

北出真紀恵（きたで　まきえ）＊
東海学園大学人文学部教授
主著：『テレビ報道職のワーク・ライフ・アンバランス――13局男女30人の聞き取り調査から』（共著，大月書店，2013年），『「声」とメディアの社会学――ラジオにおける女性アナウンサーの「声」をめぐって』（晃洋書房，2019年）

国広陽子（くにひろ　ようこ）
武蔵大学名誉教授
主著：『主婦とジェンダー』（尚文社，2001年），『日本の女性議員――どうすれば増えるのか』（共著，朝日新聞出版，2016年）

小室広佐子（こむろ　ひさこ）
東京国際大学教授
主著：『日本のマス・メディア』（共著，放送大学教育振興会，2007年），『テレビ報道職のワーク・ライフ・アンバランス――13局男女30人の聞き取り調査から』（共著，大月書店，2013年）

四方由美（しかた　ゆみ）＊
宮崎公立大学人文学部教授
主著：『犯罪報道におけるジェンダー問題に関する研究――ジェンダーとメディアの視点から』（学文社，2014年），『基礎ゼミ　メディアスタディーズ』（共著，世界思想社，2020年）

花野泰子（はなの　やすこ）
東京女子大学非常勤講師
主著：『テレビ報道職のワーク・ライフ・アンバランス――13局男女30人の聞き取り調査から』（共著，大月書店，2013年），『テレビ番組制作における女性のキャリア形成――首都圏と地方のインタビュー調査より』（『東京女子大学紀要論集』66号（1），2015年）

林　香里（はやし　かおり）*
東京大学大学院情報学環教授
主著：『〈オンナ・コドモ〉のジャーナリズム――ケアの倫理とともに』（岩波書店，2011年，2021年：電子版），『メディア不信――何が問われているのか』（岩波新書，2017年）

林　怡蓚（りん　いーしぇん）
立教大学社会学部教授
主著：『台湾のエスニシティとメディア――統合の受容と拒絶のポリティクス』（立教大学出版会，2014年），『探査ジャーナリズム／調査報道――アジアで台頭する非営利ニュース組織』（共著，彩流社，2018年）

調査・制作協力者
岩崎貞明（いわさき　さだあき）
メディア総合研究所事務局長

脇山　恵（わきやま　めぐみ）
メディア総合研究所運営委員

資料1　インタビュー調査の概要

A. マクロレベル――ヒアリング

調査対象者

放送業界や制作会社の現況について専門知識を有する方々3名にヒアリングを行った。

音好宏氏（上智大学文学部新聞学科教授），A氏（日本民間放送連盟担当者），B氏（総務省情報流通行政局担当者）。

調査実施期間

2018年5月から2020年11月。

B. メゾレベル――インタビュー

1. 調査対象者と調査実施期間

調査対象者

「放送事業に長く携わり，放送界についてよく知る人」という基本的な定義に加えて，制作会社経営者，BPO放送倫理検証委員会や民間放送連盟，ATP関連，総務省関係者など広く放送界を概観できる方5名を対象者として抽出した。

重延浩氏（(株)テレビマンユニオン会長，ゼネラルディレクター），澤田隆治氏（(株)テレビランド代表取締役社長，協同組合日本映像事業協会名誉会長），長嶋甲兵氏（演出家，BPO放送倫理検証委員会委員），鎮目博道氏（元テレビ朝日，シーズメディア代表），三門健一郎氏（ATP専務理事 事務局長）。

調査実施期間

2020年11月から2021年8月。

2. 調査方法と分析

調査方法

インタビューは，基本的には2人1組で先方のオフィスなどへ出向いて行い，所要時間は1時間半から2時間程度。インタビューは，半構造化さ

れた形式（インタビュー質問項目参照）による深層インタビューである。事前に，こちらで準備した主テーマについて記した簡単なリストをメールにて送付。当日は，ある程度リストに沿いながらも，自由に話してもらう形でインタビューを進めた。

【インタビュー質問項目】

1.「制作会社市場の構造」
- 制作会社のすみわけ，ジャンル，（もしあるのであれば）ランキングなど
- 制作会社の適正規模，その規模によって年代により生じた問題
- 局の関連会社と独立系の違い，現状
- 制作会社の人員構成（フリーランスの登用も含め），人材育成，研修

2.「現在の制作会社の財務状況・ビジネス形態」
- 多角化vs専門的ニッチ，あるいはスタッフ派遣
- 取引先について
- 制作会社の営業方法，契約に関する意識・実態
- 海外の制作会社との連携やノウハウの導入について
- 請負額の変化
- コロナ禍がもたらした制作現場，会社の変化
- 今後の制作会社のビジネスプラン
- 理想のビジネスプランと現状のギャップを埋めるために必要なこと

3.「放送局との関係」
- 人脈と営業の関係
- 放送局側は各タイプの制作会社をどのように位置づけているか
- 放送局と制作会社の関係性の歴史的変容
- キー局，地方局，在京制作会社，在地方制作会社の力関係，関係性，制作能力など

4.「放送をとりまく環境変化が制作会社に与えた影響」
- 放送局側の経営的転換が与えた影響
- 労働者派遣法，働き方改革，ハラスメント防止など，法的環境変化が職場にもたらした影響
- ネット普及による影響
- 入って来る人材の変化がもたらした影響
- デジタルテクノロジーの発展がもたらした影響

これらの4点に分類した質問項目のほかに，各人に適合する項目を準備した。

分析

インタビュー内容は，インタビュイーの許可を得てICレコーダーで録音をした。インタビュー終了後，文字起こしを行い，文書はすべて暗号化し調査者全員で結果を共有，分析を行った。

C. ミクロレベル――インタビュー

1. 調査対象者と調査実施期間

調査対象者

制作会社に所属する人（正社員，契約社員，嘱託，番組契約）で，「報道」「情報ワイド番組」の制作に携わった経験がある対象者を20名抽出した。

調査実施期間

2019年10月から2021年1月。ただし，2020年3月から5カ月間新型コロナウイルスの発生により中断。その後状況に応じてZoomによるオンラインインタビューを併用。

2. 調査方法と分析

調査方法

インタビューは，記述式の事前アンケートを行ったうえで，原則として2人一組で先方のオフィスなどへ出向き，1時間半程度を目安に行った。しかし，2時間を超えるものも3分の1程度あり，なかには3時間に及ぶものもあった。また，コロナの情勢によって，全体の4分の1は，Zoomを利用したオンラインインタビューとなった。

インタビューでは，事前アンケートの回答を参照しながら，半構造化された形式（インタビュー質問項目参照）による深層インタビューを実施した。主だったテーマをあらかじめ用意しそれに沿ってインタビューを行いながらも，インタビュイーの関心に従って自由に発言してもらうことを重視しながらインタビューを進めた。

資料1　インタビュー調査の概要

【事前アンケート質問項目】

1. 制作の仕事に就いた理由
2. 現在の仕事に満足しているか
3. 現在の仕事でよいと思っていること
4. 現在の仕事で不満や不安に思っていること
5. テレビ局の番組がプロダクション社員や契約社員，フリーランスに依存して制作されていることに関してどのように感じているか
6. 放送業界およびプロダクションの将来について
7. 今の仕事に就いて感じていること
8. これまで担当した主な番組名と職種
9. 次の点について意見や関心があるか
   - 技術の発達，カメラの小型化，AIなど
   - テレビとネットの関係，同時配信，見逃し配信，動画共有サイト（YouTube等）など
   - 放送業界におけるジェンダー問題
   - 視聴者のテレビ離れについて
10. 性別
11. 年代
12. 最終学歴
13. 所属する会社名
14. 雇用形態
15. 職場
16. 職種
17. 給与の支払い形態
18. 放送業界での勤務歴（フリー・アルバイトを含む）
19. 年収
20. 毎月の休日数

【インタビュー質問項目】

1. 現在の仕事について
   制作現場での役割や制作過程，仕事場での雰囲気など
2. 意欲について
   番組制作という仕事を選んだ主な理由や現場での体験など

3. 番組の質について
番組への質への評価や誰を意識して番組を制作しているかなど
4. 労働条件について
自己の1日の行動時間や賃金，身分保障など待遇全般など
5. 技術の発達について（選択質問）
技術発達の個人的な実感や技術と番組の質など
6. テレビとネットの関係について（同時配信，見逃し配信）（選択質問）
ネットの台頭についての意見やネット番組制作の現場の雰囲気など
7. ジェンダーについて（選択質問）
男女の割合や格差，個人的経験など
8. テレビ離れについて（選択質問）
テレビ離れに関する実感や原因，方策など
9. 将来に向けて
自己の将来や抱負，制作会社の将来など

以上9項目のうち，5～8番は，事前アンケート9により選択質問。

分析

インタビュー内容は，インタビュイーの許可を得てICレコーダーで録音をした。インタビュー終了後，文字起こしを行い，その文書はすべて暗号化し調査者全員で結果を共有した。

その後，データ分析ソフトウェアであるMAXQDAを利用し質的分析を行った。まず，コーダートレーニングを実施し，その後，各インタビューを担当した者がコーディングを行った。コーディング項目として「アクター（登場人物）」「職場」「制作プロセス」「仕事への評価」「やりがい」「キャリアパス」「職業外活動」「業界の課題」という8つの主項目を設定した。さらに，たとえば「仕事への評価」であれば，それを「視聴率」「一般的テレビ番組評価」「業界からの評価（受賞歴など）」「他の会社からの評価」「勤務先からの評価」「直属の上司からの評価」「自分の番組評価」という7つの項目を下位項目として設定し分析を行った。各主項目の下位項目を合計すると，43項目にわたる。

これらの分析結果を参考に，各インタビュー内容を読み解く作業を併用しながら，分析を進めた。

3. 調査対象者の概要

調査対象者の現在（調査実施時）について勤務地を見ると，東京が17人，大阪2人，京都1人である。ほとんどが東京の制作会社に所属し，東京のテレビ局で仕事をしているが，このなかには，過去に関西方面の制作会社で働く経験をもつ者も複数見られた。

性別と年代の内訳を見ると，表に示すとおり，もっとも多い30代を中心に上は60代までと幅広い。

表　調査対象者の性別と年齢

	20代	30代	40代	50代	60代	合計
男性	0	6	1	2	2	11
女性	3	2	2	2	0	9
合計	3	8	3	4	2	20

職種はアシスタント・ディレクター，ディレクター，プロデューサー，記者となっている。もっとも多いのはディレクターで半数を超え，そのうち3分の2は30代のディレクターである。

ディレクターの年齢は全般にわたっている。そのほか，アシスタント・ディレクターは20代，記者は30代，プロデューサーは40代以上という年齢であった。

学歴を見ると，大学卒がもっとも多く14人，大学中退1人，短期大学卒1人，専門学校卒3人，大学院卒1人である。なかには大学時代にアルバイトとしてスタートし，そのまま入社した人も複数いる。学生時代の専門は，放送系が若干いるものの，ほとんどが専門外で，社会学系，経済系，文学系，美術系，美容系など多種多様である。

制作している番組が放送される放送局は，在京キー局やNHKをはじめ，在京および地方の各局である。所属している制作会社の規模は大規模（100人以上）から小規模（30人未満）まで多岐にわたる。雇用形態も正社員が多いものの，契約社員もおり，そのほか制作会社から仕事を請け負っているフリーランスとさまざまだ。

所得については，およそ4分の3の人は200万円から600万円以下であるが，1000万円を超える人もいる。

4. 研究倫理について

このインタビュー調査は，東海学園大学研究倫理委員会による学術研究倫理審査の承認を得ている（2019年10月2日）。

（石山玲子・四方由美）

資料2　制作会社をめぐる年表

年	できごと	番組制作（会社）関連
1950	朝鮮戦争勃発	
1953	日本でテレビ放送開始	東京テレビセンター（技術）
1954	神武景気	
1955	55年体制スタート	TBS映画社（TBSビジョン）
1956	「もはや戦後ではない」（『経済白書』）	映画大手5社テレビ協力拒否 ニュース映像に映画系プロダクション毎日映画社・日本映画社（日映新社）など
50年代後半	三種の神器（冷蔵庫・洗濯機・テレビ）	
1957	ソ連，人類初の人工衛星スプートニク1号打ち上げ成功	
1958	東京タワー完成	朝日テレビニュース社（テレビ朝日映像） 共同テレビジョン（共同通信のニュースプロダクション→フジ系列へ） 日経映画社（日経映像） 宣弘社（広告代理店）初のテレビ映画『月光仮面』（ラジオ東京）
1959	岩戸景気 皇太子ご成婚 伊勢湾台風	
1960	日米新安保条約調印 高度成長・所得倍増計画	

テレビ局関連	法制度やインフラなど
	放送法など電波三法
NHK東京開局	
日本テレビ開局	
日本テレビ街頭テレビ（プロレス中継）	
NHK大阪・名古屋開局	
ラジオ東京（TBS）開局	
大阪テレビ（OTV）開局	
中部日本放送テレビ開局	
北海道放送テレビ開局	
	全国縦断マイクロ回線開通
	NHK・民放の「二元体制」へ
	郵政省がテレビ局に大量免許交付（43局）
RKB毎日，読売テレビ民放12社開局	NHK全国放送網完成
大阪テレビが2インチVTR導入	
NHK教育，日本教育テレビ（NET）：現在のテレビ朝日開局	東京タワーから送信開始
フジ，毎日放送他，民放21局開局	
カラーテレビ本放送開始（東京・大阪）	

資料2　制作会社をめぐる年表

年	できごと	番組制作（会社）関連
1961	米，ベトナムに軍事介入	〈局系列技術プロダクション〉 エキスプレス，国際放映 東北新社（外国テレビの日本版）
1962	キューバ危機	東通
1963	ケネディ大統領暗殺事件	東京サウンドプロダクション
1964	東海道新幹線 東京オリンピック ベトナム戦争激化	
1965	いざなぎ景気	泉放送制作 （60年代半ば映画会社がテレビ部門設置，東映・大映・東宝・松竹映画会社が参入へ）
1966	衆議院「黒い霧」解散	C.A.L（電通系） 放送映画製作所
60年代半ば	新・三種の神器時代（カー，クーラー，カラーテレビ）	
1967		
1968	プラハの春 パリ五月革命 日本GNP世界第2位	八峯テレビ 円谷プロダクション（TV映画）
60年代末	大学紛争	
1969	東大紛争で安田講堂に機動隊	スタッフ東京

テレビ局関連	法制度やインフラなど
朝日放送『てなもんや三度笠』 TBS『ニュースコープ』	
テレビ東京開局	
テレビワイドショーブーム NET『アフタヌーンショー』 フジ『小川宏ショー』	初の商業通信衛星インテルサット1号打ち上げ
カラーテレビ全国ネット完成	インテルサットⅡ号F1日米間相互テレビ中継公開実験
TBS『ハノイ・田英夫の証言』 TBS報道局50時間スト UHF放送開始 民放全社カラー化	
ロバート・ケネディ上院議員狙撃事件中継	インテルサットⅡ号F3太平洋上の静止軌道 インテルサットグローバルシステム完成

資料2　制作会社をめぐる年表

年	できごと	番組制作（会社）関連
1970	大阪万博 よど号ハイジャック事件 70年安保闘争	テレビマンユニオン，テレパック 東京ビデオセンター，テレコムジャパン，ユニオン映画，千代田ビデオ，木下惠介プロダクション，ユニオン映画，インターボイスなど
1971	ドルショック・円切り下げ	東放制作，大映テレビ，日本映像記録センター，グループ現代
1972	あさま山荘事件 沖縄本土復帰 田中角栄内閣	IVSテレビ制作 ビデオワーク
1973	金大中事件 第一次オイルショック	ハウフルス，イースト，日企
1974	ウォーターゲート事件でニクソン大統領辞任 田中内閣総辞職，三木武夫内閣へ	アズバーズ，武市プロダクション
1975	国連婦人年世界会議 ベトナム戦争終結	東阪企画
1976	ロッキード事件，田中角栄前首相逮捕	日本テレワーク
1977	日本赤軍・ダッカ日航機ハイジャック事件	
1978	伊豆大島近海地震 宮城沖地震	
1979	イラン革命	イザワオフィス，カノックス

テレビ局関連	法制度やインフラなど
3/4インチカセットVTR	
昼帯に生活実用番組始まる	カラーテレビ受信機リモコン化IC化進む
NET報道局廃止，報道番組制作を委託（テレビ朝日映像）	
NHK『ニュースセンター９時』	
在京５局に対する全国紙５社の資本系列化完成	
ENG革命：NHK／民放，天皇皇后の訪米でENG導入	
東京・大阪間の「腸捻転ネット」が解消，新聞資本関係に沿った形に整理	
ローカルワイド番組盛んに	
テレビ広告費，新聞を抜いて首位に	
モントリオールオリンピック中継，日本ビクター家庭用VTR発売	
NHK，ハイジャック事件で134時間の長時間報道	
NTV・TBS報道強化	実験用放送衛星「ゆり」打ち上げ
民放91社中半数がローカルワイドニュース編成	
日本テレビ『ズームイン!! 朝！』	

資料2　制作会社をめぐる年表

年	できごと	番組制作（会社）関連
1980	光州事件（韓国） イラン・イラク戦争（～88）	
1981	米，スペースシャトル「コロンビア」打ち上げ成功 ロス疑惑	ドキュメンタリージャパン インプットビジョン
1982	日航機羽田沖墜落事故 フォークランド紛争	ATP（全日本テレビ番組製作社連盟）発足　フィルム系13社・ビデオ系8社でスタート 時空工房
1983	東京ディズニーランド開園 大韓航空機墜落事件	
1984	グリコ・森永事件 ロサンゼルスオリンピック	ザ・ワークス
1985	日航ジャンボ機墜落事故 プラザ合意 女性差別撤廃条約批准	タキオン NHK子会社ラッシュ NHKエンタープライズ オフィス・トゥー・ワン『ニュースステーション』をテレビ朝日と共同制作
1986	フィリピン政変 チェルノブイリ原発爆発事故 バブル景気（～91）	総合ビジョン フォーミュレーション（リサーチ）
1987	ブラック・マンデー	(社)全国放送関連派遣事業協会 テムジン アベクカンパニー
1988	リクルート事件 ソウルオリンピック	NHK情報ネットワーク NHKきんきメディアプラン ジーカンパニー，リユーオン，ネクサス（クリエイティブネクサス）

テレビ局関連	法制度やインフラなど
民放「報道元年」	
キー局のENG利用割合は90％以上	
フジテレビ，制作会社社員を社内制作局に戻して一元化し「大編成局」を設立。「編成主導体制」の始まり	
松下電器が米RCA社と共同でENG用カメラ一体型VTRとニュース編集装置を開発	放送法改正（NHK営利事業への出資）
2インチVTRから1インチヘリカルVTRへ	日本初実用通信衛星CS-2a「さくら2号a」
（オリンピック放送権料高騰）	実用放送衛星BS-2a
NHK衛星放送開始	
テレビ「情報・報道の強化」編成	労働者派遣法成立
テレビは「報道の時代」へ	男女雇用機会均等法成立
	労働者派遣法（放送制作含む）施行
	男女雇用機会均等法施行
	BS-2b打ち上げ
民放（地上波）が24時間編成に	
NTT，携帯電話サービス開始	
朝日放送，民放初のハイビジョン生中継，NHK衛星第2でソウルオリンピックハイビジョン生中継	通信衛星3号CS-3b打ち上げ

資料2　制作会社をめぐる年表

年	できごと	番組制作（会社）関連
1989	昭和天皇死去，平成へ 消費税3％導入 中国天安門事件 マドンナ議員旋風 ベルリンの壁崩壊	NHKエデュケーショナル NHKソフトウェア NHKクリエイティヴ NHK島佳次会長によるグループ体制へ
1990	湾岸危機（イラク軍，クウェート侵攻） 東西ドイツ統一	えふぶんの壱
1991	バブル崩壊 湾岸戦争（テレビで生放送される初の戦争） 雲仙普賢岳噴火 ソ連消滅	現代センター
1992	地価下落，複合不況	テレコムスタッフ
1993	55年体制崩壊 細川連立内閣発足 ゼネコン汚職	（社）日本ポストプロダクション協会
1994	松本サリン事件 村山連立内閣（自民・社会・さきがけ）	日本映像事業協同組合（J-VIG）：福利厚生，転貸融資事業
1995	阪神・淡路大震災 地下鉄サリン事件 日経連「新時代の『日本的経営』」 第4回世界女性会議（北京） ウィンドウズ95日本版発売	

テレビ局関連	法制度やインフラなど
NHK衛星放送本放送 民放，通信衛星SNGシステム導入	放送法改正（通信衛星による放送サービスの実現） 宇宙通信スーパーバードA号打ち上げ
放送衛星BS-3aサービス放送（NHK）	BS-2bからBS-3aに移行
初の衛星民放WOWWOW有料放送開始	
CS放送開始	
通信衛星を使ったテレビ6社本放送	
テレビ朝日報道局長，国会証人喚問	気象業務法改正：天気予報の自由化
NHK小型中継車M-1開発	
民放早朝の情報番組競争激化（ニュースとワイドショーの境界が不明確に）	
ワイドショーの過熱報道が問題に	
機械式個人視聴率調査（ピープルメータ）開始	
視聴率獲得に特化した「編成主導体制」日本テレビのフォーマット改革プロジェクト，視聴率至上主義へ	
東京メトロポリタンテレビジョン開局	育児・介護休業法成立

資料2　制作会社をめぐる年表

年	できごと	番組制作（会社）関連
1996	「超氷河期」就職難 ペルー日本大使館公邸人質事件	ケイマックス
1997	消費税引き上げ（5％） アジア通貨危機 拓銀，山一証券破綻 神戸小学生殺害事件	
1998	自社さ政権から自民党単独政権へ 地方財政危機 和歌山毒物カレー事件	
1999	欧州通貨統合ユーロ 企業リストラ相次ぐ	クリーク＆リバー
2000	介護保険制度開始 インターネット利用者急増	ジェイワークス
2001	小泉内閣発足 9.11同時多発テロ アフガニスタン紛争	
2002	FIFAワールドカップ日韓共催 北朝鮮拉致被害者帰国	

テレビ局関連	法制度やインフラなど
本格多チャンネル化 CSデジタル「パーフェクTV!」 70チャンネルで放送開始 TBS，オウム真理教幹部に取材テープを見せていたことが問題に，報告書公表 NHKと民放連共同で放送倫理基本綱領制定	改正労働者派遣法（アナウンサー，演出家など26業務に）
放送と人権等権利に関する委員会機構（BRO）	改正男女雇用機会均等法（募集・採用配置・昇進差別禁止，セクシャルハラスメントの防止） 介護保険法成立 改正労働基準法成立
「パーフェクTV!」がJスカイBと合併し，「スカイパーフェクTV!」に。171チャンネルの有料放送 TBSとNTVがインターネットでニュース配信	公正取引委員会「優越的地位濫用について指針」
ドコモｉモードサービス開始 テレビ朝日「ダイオキシン汚染報道」が問題に	国旗・国歌法，通信傍受法，新ガイドライン関連法成立 改正均等法施行，女性差別禁止規定へ 改正労働基準法（裁量労働制の対象拡大，女子深夜労働禁止条文撤廃）施行 労働者派遣法：派遣業種の拡大（ポジティブリストからネガティヴリストへ）
BSデジタル放送開始	総務省「ブロードバンド時代における放送番組制作に関する検討会」

資料2　制作会社をめぐる年表

年	できごと	番組制作（会社）関連
2003	イラク戦争	
2004	イラク日本人人質事件 新潟県中越地震 「韓流」ブーム	
2005	衆議院選挙で自民圧勝（郵政選挙）	
2006	第一次安倍内閣	
2007	安倍内閣総辞職 米，サブプライムローン問題化 新潟県中越地震	KTV『発掘！あるある大事典』データ捏造問題
2008	秋葉原無差別殺人事件 リーマンショック 世界金融不安 年越し派遣村（～09）	系列子会社を統合し，新しい子会社をつくる動き：日テレ・アックスオン 日テレ『真相報道バンキシャ！』虚偽報道
2009	オバマ大統領就任 民主党政権誕生	完パケ委託の減少，スタッフ派遣の増加
2010	アラブの春（～12）	
2011	東日本大震災	東海テレビ『ぴーかんテレビ』不適切テロップ「セシウムさん」 フォーミュレーションI.T.S.（スタッフ派遣）

テレビ局関連	法制度やインフラなど
東京・大阪・名古屋で地上デジタル放送開始 ケータイにテレビ 日本テレビ視聴率買収事件 NHKアーカイブスがオープン	個人情報保護法成立（2005施行） 放送倫理・番組向上機構（BPO）発足 民間放送連盟「番組制作委託取引に関する指針」
ライブドア，ニッポン放送の筆頭株主となり，フジテレビと対立 民放各社の配信事業参入加速	改正下請法施行（契約文書化） 改正男女雇用機会均等法（男性差別も禁止項目へ） 労働者派遣法（製造業解禁）成立
NHKスペシャル『フリーター漂流――モノ作りの現場で』	
在京5社と広告大手4社がニュース番組のインターネット配信 テレビ「ワンセグサービス」開始 NHKスペシャル『ワーキングプア』	改正雇用対策法成立 総務省「次世代ブロードバンド戦略2010」
NNNドキュメント『ネットカフェ難民――漂流する貧困者たち』	放送法改正（NHK経営委員会の権限強化・放送持株会社） 労働契約法，改正最低賃金法成立
「NHKオンデマンド」スタート フジテレビがフジ・メディア・ホールディングスに商号変更	改正パートタイム労働法施行 総務省「放送コンテンツの製作取引の適正化の促進に関する検討会」設置
TBSがTBSホールディングスへ	総務省「放送コンテンツの製作取引適正化に関するガイドライン」策定（改定が重ねられ2020年には第7版に）
テレビ東京がテレビ東京ホールディングスへ テレビは地上デジタル化 アナログ放送終了 BSに新規12チャンネル17事業社24チャンネルに	放送法改正，放送関係法の統合（2011施行） 東京三田労働基準監督署　テレビ番組制作会社に対し集団指導（2010, 2011）

資料2　制作会社をめぐる年表

年	できごと	番組制作（会社）関連
2012	民主党惨敗，自民党政権復活（第二次安倍内閣）	
2013	参議院で自民圧勝	
2014	消費税８％に 広島局地的集中豪雨 第三次安倍政内閣	
2015	日本，安全保障関連法に対し国会議事堂周辺でデモ	
2016	熊本地震 安倍政権「一億総活躍社会」「働き方改革」を掲げる 相模原「やまゆり園」殺傷事件 リオデジャネイロオリンピック・パラリンピック	
2017	トランプ大統領就任 ツイッター#MeTooムーブメント	NHKグループ「働き方改革宣言」
2018	平昌オリンピック・パラリンピック	TBSスパークル：TBSホールディングス100％出資，11社を吸収合併 東海テレビ『さよならテレビ』放送

テレビ局関連	法制度やインフラなど
日テレが日本テレビホールディングス BSデジタル31チャンネル	労働契約法改正（労働者の保護）
タイムシフト視聴率調査一部開始 ハイブリッドキャストサービス（NHK）	特定秘密保護法成立
テレビ朝日がテレビ朝日ホールディングスへ CBCテレビが中部日本放送（認定持株会社）へ Hulu日本テレビ子会社	放送法改正　マスメディア集中排除原則緩和とNHKのインターネット活用サービスの恒常業務可能に（2015施行） 総務省「Hybridcast 2014」
NHK番組の一部のインターネット同時配信 民放キー局5社公式テレビポータルサイトTVer2015 Netflix，Amazonプライムビデオ　サービス開始	労働者派遣法改正（許可制・3年ルールなど） 公正取引委員会「テレビ番組制作の取引に関する実態調査報告書」 女性活躍推進法（女性活躍に関する情報の公表，301人以上の企業）
RKB毎日放送がRKB毎日ホールディングスに AbemaTV，スカパー！オンデマンド タイムシフト視聴率調査本格的 TVerに在阪2社（2018年までに4社） 在京局ホールディングスがフジ・メディアHDを除き，増収増益 フジ・メディアHD，仙台放送を子会社に	
毎日放送がMBSメディアホールディングスに	放送コンテンツ適正取引推進協議会設立
朝日放送テレビが朝日放送グループホールディングス タイムシフト視聴率調査，名古屋と関西にも拡大 4K8K本放送9事業社17チャンネル	労働者派遣法改正（企業の雇止め増加） 「働き方関連法」成立

資料2　制作会社をめぐる年表

年	できごと	番組制作（会社）関連
2019	新元号「令和」の時代へ 京都アニメーション放火事件	NHK子会社の合併 技術系を統合したNHKメディアテクノロジーズと，NHKプラネットを合併した制作系のNHKエンタープライズに
2020	新型コロナ感染世界拡大 バイデン大統領就任 新型コロナ感染やまず	
2021	東京オリンピック・パラリンピック 消費税10%に	東北新社，総務省幹部らへの接待問題が明るみに
2022	ロシア，ウクライナ侵攻 安倍晋三元首相銃撃事件	ADの呼称をYD（ヤングディレクター）に変更の動き

〔参照文献〕
浅利光昭 2007「総務省『通信関連業実態調査』（放送番組制作業）から見た番組プロダククションの現状と課題」『AURA』181号：22-29
林香里・谷岡理香編 2013『テレビ報道職のワーク・ライフ・アンバランス――13局男女30人の聞き取り調査から』大月書店
松井英光 2020『新テレビ学講義――もっと面白くするための理論と実践』河出書房新社
日本放送協会編 2001『20世紀放送史年表』NHK出版
日本放送協会編『NHK年鑑2014』『NHK年鑑2015』『NHK年鑑2016』『NHK年鑑2017』『NHK年鑑2018』『NHK年鑑2019』『NHK年鑑2020』『NHK年鑑2021』NHK出版
鈴木秀美・山田健太編 2017『放送制度概論――新・放送法を読みとく』商事法務
出所：番組制作会社をめぐる動き（制作会社名の列挙は設立年に）を中心に，テレビ産業の変化や法制度に配慮して，北出真紀恵作成

テレビ局関連	法制度やインフラなど
RSK山陽放送がRSKホールディングスに TVerにテレビ大阪，NHKも参加 インターネット広告費，テレビを上回る	「働き方改革」関連法施行（残業時間の上限規制，同一労働同一賃金など） 放送法改正成立（NHKのテレビ，インターネット同時配信が可能に）
NHKプラス，配信開始 インターネットメディア協会成立 個人視聴率の測定，全国32地区で開始 在京キー局リアルタイム同時配信スタート 総個人視聴率，史上最低を記録	労働者派遣法改正（同一労働同一賃金） 労働施策総合推進法（パワハラ防止法） 総務省「デジタル時代における放送制度の在り方に関する検討会」招集 労働者派遣法改正（労働者への説明の義務） 女性活躍推進法改正（女性の活躍に関する情報の公表　101人以上の企業にも） 労働施策総合推進法（パワハラ防止法）改正　中小企業にも